纳米热电砂浆及其对海工结构
阴极保护与劣化智能监测

Nano Thermoelectric Mortar and Its Catholic Protection & Damage Intelligent Monitoring for Marine Structure

罗健林　李伟华　滕　飞

张纪刚　马明磊　朱　敏　　著

中国建筑工业出版社

图书在版编目（CIP）数据

纳米热电砂浆及其对海工结构阴极保护与劣化智能监测 = Nano Thermoelectric Mortar and Its Catholic Protection & Damage Intelligent Monitoring for Marine Structure/罗健林等著．—北京：中国建筑工业出版社，2022.9
ISBN 978-7-112-27816-9

Ⅰ.①纳… Ⅱ.①罗… Ⅲ.①纳米技术—砌筑砂浆—应用—海洋工程—工程结构—阴极保护②纳米技术—砌筑砂浆—应用—海洋工程—工程结构—智能系统—监测系统 Ⅳ.①P75

中国版本图书馆 CIP 数据核字（2022）第 157238 号

　　本书着重介绍了纳米智能砂浆发展概况、海工结构阴极防护、基于智能砂浆传感器结构劣化监测特点，纳米材料合成方法与在水中分散稳定工艺、纳米智能砂浆制备工艺及本征性能评价方法，纳米智能砂浆热电效能与力-电传感性能，基于纳米智能砂浆温差发电效应的海工结构阴极防护体系的构建，系统评价该体系对钢筋阴极防护效果，研究纳米智能砂浆力-电传感效能，评价基于纳米智能砂浆传感特性的结构劣化监测可行性，有效实现基于纳米智能砂浆的海工结构智能阴极防护与防护层劣化主动预警效能。

　　本书可供从事智能混凝土研发、生产的单位以及海工结构阴极防护与劣化监测开发企业工程技术人员阅读参考，也可以作为高等院校结构工程、防灾减灾与防护工程、材料科学与工程、纳米材料工程专业本科生和研究生的教学与参考用书。

责任编辑：高　悦　万　李
责任校对：董　楠

纳米热电砂浆及其对海工结构阴极保护与劣化智能监测
Nano Thermoelectric Mortar and Its Catholic Protection & Damage Intelligent Monitoring for Marine Structure

罗健林　李伟华　滕　飞
张纪刚　马明磊　朱　敏　著

*

中国建筑工业出版社出版、发行（北京海淀三里河路 9 号）
各地新华书店、建筑书店经销
唐山龙达新润科技有限公司制版
北京建筑工业印刷厂印刷

*

开本：787 毫米×1092 毫米　1/16　印张：8¼　字数：206 千字
2022 年 10 月第一版　　2022 年 10 月第一次印刷
定价：35.00 元
ISBN 978-7-112-27816-9
（39970）

前　　言

在国家"一带一路"倡议及海洋大战略下，钢筋混凝土被广泛应用于近海建筑、桥梁隧道、风能核电、钻井平台、海港码头、热电烟囱、冷却塔等海洋工程领域。然而，在恶劣海洋环境下，结构常会因腐蚀而过早失效。传统的海工结构防腐蚀方法，诸如涂层钢筋法不能克服点蚀，掺阻锈剂法会随着 Cl^- 浓度增大而失效，涂覆涂层法会发生剥落和开裂，牺牲阳极阴极保护（CP）法也存在保护电流小、阳极材料寿命较短等缺陷，均难以从根本上解决其结构钢筋腐蚀及防护层结垢、剥落开裂的问题。需要进一步发展自带电源的 CP 技术，并将防护层发展成高性能阳极复合层或阳极及感知一体化智能层等，发展结构腐蚀自免疫与防护层劣化自诊断体系，全面提升海工结构服役寿命。基于水泥基热电材料热电效应的温差发电体系，能够在温差驱动下产生电动势，可利用其实现外加电流式阴极防护的电流自供给，为钢筋提供持久稳定的保护电流。然而，由于水泥基体较高的内阻，传统水泥基热电材料的热电转换效率较低，且不具备结构服役中的劣化自监测特性。如若能将高性能热电组分掺入水泥基体中，利用其产生高量级的驱动电压，同时复合优异的电导组分，降低内阻提高热电转换效率的同时兼顾力-电传感性能，将有望实现热电性能与力-电传感性能的结合，以混凝土结构本身作为功能载体，从结构前期防护到服役过程中监测，达到海工结构热电防护层阴极防护与劣化监测的同步效果。

本书是在国家杰出青年科学基金"海工腐蚀与控制"（No. 51525903）、国家自然科学基金项目"面向海水冷却塔结构的纳米水泥基热电超材料及其智能阴极保护与劣化自监测机制"（No. 51878364）、国家自然科学基金面上项目"海洋工程钢筋混凝土结构迁移型阻锈剂的作用机理研究"（No. 51179182）、山东省自然科学基金面上项目"面向海水冷却塔结构的 CNT 改性水泥基超材料及其阳极防护与应力监测机理研究"（No. ZR2018MEE043）、山东省"土木工程"一流学科、山东省"高峰学科"建设学科及"材料科学与工程"在青高校服务青岛市产业发展重点学科基金等的持续资助下研究编撰完成的。作者对上述科研项目与学科平台的资金支持表示衷心感激。

水泥基砂浆由于与钢筋混凝土结构主体具有天然相容性、低成本以及长效耐腐蚀性能而得到持续关注。同时随着纳米半导体科技发展，进入纳米尺度的过渡金属氧化物半导体材料能够引起量子约束效应，大幅提升防护砂浆的热电效率，进而用作海工结构钢筋 CP 系统电源。同时，还可通过掺杂纳米导电填料发展防护砂浆的力-电智能传感特性的结构劣化监测可行性，有效实现基于纳米智能砂浆的海工结构智能阴极防护与防护层劣化主动预警效能。本书可供从事智能混凝土研发、生产单位以及海工结构阴极防护与劣化监测开发企业的工程技术人员阅读参考，也可以作为高等院校结构工程、防灾减灾与防护工程、材料科学与工程、纳米材料工程专业本科生和研究生的教学与参考用书。

在本书撰写和科研过程中，廖晓、高乙博、周晓阳、华旭江、袁士柯、李治庆、陶雪君等同学先后做了大量的工作，哈尔滨工业大学李惠教授、段忠东教授、刘铁军教授、肖会刚教授，深圳大学董必钦教授，同济大学季涛老师，中国科学院海洋研究所的宋立英、麻福斌、赵杰、郑海兵、高翔、樊伟杰、陈怀银、丁锐、王巍、田慧文，兰州大学张强强教授，大连理工大学韩宝国教授，青岛农业大学李秋义教授，济南大学侯鹏坤教授，青岛理工大学金祖权教授、张小影副教授、王鹏刚副教授、熊传胜副教授、刘昂副教授在本书的编撰过程中提供了许多宝贵指导意见，在此对他们表示诚挚的谢意。由于作者的水平有限，书中难免有疏漏、不当之处，敬请同行和广大读者批评指正。

罗健林

2022 年 7 月于青岛

目　　录

第一篇　基于热电效应的海工结构钢筋腐蚀防护理论与方法研究

第一篇

基于热电效应的海工结构钢筋
腐蚀防护理论与方法研究

第1章 绪 论

1.1 研究背景及意义

  钢筋混凝土是工程建设的主体结构材料，被广泛应用在桥梁、建筑、海底隧道、钻井平台、港口码头等领域，然而在恶劣的海洋环境下，钢筋混凝土结构会因腐蚀而过早失效。大量国内外腐蚀调查资料显示，腐蚀引起混凝土结构耐久性不足及服役寿命下降，给国民经济造成了巨大的经济损失。1970 年，英国采用 Hoar 方法对本国腐蚀损失进行了调查，发现，因腐蚀而造成的经济损失竟高达 13.65 亿英镑，占国民生产总值的 3.5%。这一数据的公布，引起了英国对腐蚀的广泛关注。1998 年，美国联邦公路局（FHWA）发布数据表明，美国每年因腐蚀造成的经济损失达到 2760 亿美元，约占国民生产总值的 3.68%，单就桥梁而言，美国近 60 万座桥梁中有 50% 以上出现腐蚀病害，每年维修费高达 750 亿美元，占年总建造费的 1.25%。英国每年维修因钢筋锈蚀造成混凝土结构破坏的费用达 55 亿英镑，占年总建造投资的 1.1%。《中国工业与自然环境问题腐蚀调查与对策》统计显示，1998 年中国部分建筑（包括公路、桥梁建筑）的腐蚀损失高达 1000 亿人民币。因此，如何提高海洋环境下钢筋混凝土结构耐久性成为当今学界研究的焦点之一。

  腐蚀领域著名学者梅塔（Mehta P. K.）教授曾指出："造成当今世界混凝土结构破坏原因按递减顺序是：钢筋锈蚀、冻害及物理化学作用。"Mehta P. K. 教授特别强调钢筋锈蚀是影响海洋环境下钢筋混凝土结构耐久性的最主要因素。调查发现，因钢筋锈蚀导致海洋环境下工程安全使用寿命为 15～20 年，服役寿命远低于规范设计的预期值。日照港煤码头在建成后不到 4 年的时间里就出现严重的钢筋锈蚀现象。温州市灵昆跨海大桥于 2002 年 12 月竣工，在 2007 年监测中发现处于浪花飞溅区的下部结构出现混凝土剥落和内部钢筋裸露在外面的现象。我国台湾地区的澎湖大桥建成投入使用后不到 7 年时间里就出现梁、板、柱顺筋严重开裂现象，到第 17 年因主体结构承载力严重不足，不得不拆除重建。因此，研究海洋环境下钢筋锈蚀机理及防腐措施对提高海洋环境下钢筋混凝土结构耐久性，延长服役寿命，减少经济损失具有重要的理论意义和社会价值。针对我国海洋发展战略对重大钢筋混凝土结构的腐蚀防护需求，采用高性能绿色腐蚀防护新材料并将其结构功能复合化、功能材料智能化全面融入钢筋混凝土耐久性的研究主题，为实现海洋环境下钢筋混凝土结构全寿命设计与安全服役提供科学基础。

1.1.1 海洋环境下混凝土结构钢筋锈蚀机理

  混凝土结构中钢筋锈蚀是一个电化学过程（图 1-1），而任何一个电化学反应的发生必须具备以下四个条件：

  （1）钢筋表面存在电位差，即存在阴极区和阳极区；

（2）在这些阴极区和阳极区之间必须有电解质溶液的存在，以利于离子的迁移，从而构成电化学反应发生的回路；

（3）在阴极区，电解质溶液中必须有充足的氧气存在，确保阴极区氧气的电子发生还原反应；

（4）在阳极区，钢筋必须处于活化状态，确保阳极区钢筋失电子发生氧化反应。

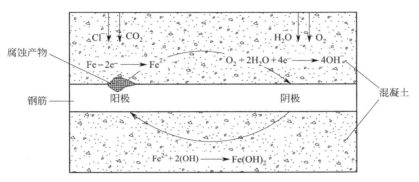

图 1-1　钢筋锈蚀原理图

钢筋具体的锈蚀反应如下：

阳极区：
$$Fe - 2e^- \longrightarrow Fe^{2+} \tag{1-1}$$

阴极区：
$$O_2 + 2H_2O + 4e^- \longrightarrow 4OH^- \tag{1-2}$$

$$Fe^{2+} + 2(OH)^- \longrightarrow Fe(OH)_2 \tag{1-3}$$

$$4Fe(OH)_2 + O_2 + 2H_2O \longrightarrow 4Fe(OH)_3 \tag{1-4}$$

$$3Fe + 8OH^- \longrightarrow 4H_2O + 8e^- + Fe_3O_4 \tag{1-5}$$

钢筋锈蚀产物氢氧化铁（俗称红锈）和四氧化三铁（俗称黑锈）会使钢筋体积增大，引起混凝土保护层开裂（图 1-2），加快腐蚀介质的渗入，从而催化钢筋锈蚀反应的发生。然而通常情况下，混凝土材料本身具有高碱性，可在钢筋表面形成一层致密的氧化膜使钢筋钝化，从而阻滞腐蚀环境中有害介质的侵入。但由于混凝土是一个多孔复杂体系，环境中的各种腐蚀介质如酸性二氧化碳气体、二氧化硫气体、氯离子等会通过毛细孔隙及裂缝渗入到钢筋/混凝土界面，降低混凝土材料本身的 pH 值，从而导致钢筋表面钝化膜被破坏而腐蚀。

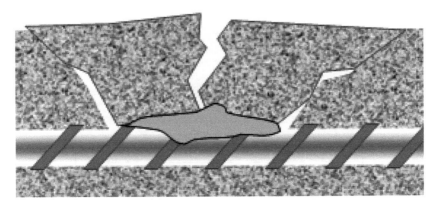

图 1-2　钢筋锈蚀引起混凝土开裂

混凝土中钢筋钝化膜破坏机理主要有两种：①混凝土的碳化；②氯离子的侵蚀。混凝土的碳化主要是指空气中的二氧化碳与水泥水化过程中产生的氢氧化钙、硅酸三钙、硅酸二钙等水化产物发生酸碱中和反应，生成碳酸钙，使混凝土碱度下降的过程。其具体的反应过程如下：

$$CO_2 + H_2O \longrightarrow H_2CO_3 \tag{1-6}$$

$$Ca(OH)_2 + H_2CO_3 \longrightarrow CaCO_3 + 2H_2O \tag{1-7}$$

$$3CaO \cdot 2SiO_2 \cdot 3H_2O + 3H_2CO_3 \longrightarrow 3CaCO_3 + 2SiO_2 + 6H_2O \tag{1-8}$$

$$2CaO \cdot SiO_2 \cdot 4H_2O + 2H_2CO_3 \longrightarrow CaCO_3 + SiO_2 + 6H_2O \tag{1-9}$$

混凝土的碳化使其 pH 值下降，一般降低为 8.5~9.0。文献表明，当 pH<11.5 时，钢筋表面的钝化膜处于失稳状态；当 pH<9.0 时，钝化膜被破坏，此时碳化深度大于混凝土保护层厚度，混凝土失去对钢筋的保护作用，催化钢筋锈蚀反应的发生。

氯离子的侵蚀是引起钢筋锈蚀破坏的最重要因素。氯离子主要通过两种途径进入混凝土中：其一是作为混凝土拌合物的组分掺入混凝土中，包括水泥中所含的氯化物、某些工程使用的海砂中的氯化物、拌合水中的氯化物、化学外加剂中的氯化物等；其二是由于混凝土的宏观和微观缺陷，环境中的氯离子可通过毛细管作用、渗透作用、扩散作用及物理化学吸附作用等进入混凝土中。氯离子进入混凝土内部后，对钢筋的侵蚀机理主要体现在以下四个方面：

（1）破坏钝化膜。进入混凝土中的氯离子能够吸附在钢筋表面钝化膜处，使该处的 pH 值迅速下降到 4.0 以下，钝化膜被破坏，失去对钢筋的保护作用。

（2）形成"腐蚀电池"。氯离子先在较小区域的钢筋表面破坏钝化膜，露出的铁基体形成小阳极，与尚完好的钝化膜区域（大阴极）构成腐蚀电池。由于形成的腐蚀电池的作用效果是大阴极对小阳极，故腐蚀迅速扩展。

（3）氯离子的阳极去极化作用。能够阻碍阳极极化反应发生的作用称为阳极极化作用，相反，能够加速阳极极化反应发生的作用称为阳极去极化作用。在阳极区，Cl^- 能够与腐蚀产生的 Fe^{2+} 发生反应，生成易溶的 $FeCl_2 \cdot 4H_2O$（俗称绿锈），$FeCl_2 \cdot 4H_2O$ 向含氧量较高的混凝土内部孔隙液中迁移并分解为 $Fe(OH)_2$（俗称褐锈），同时释放出更多的 Cl^-。氯离子侵蚀过程如图 1-3 所示，具体方程式如下：

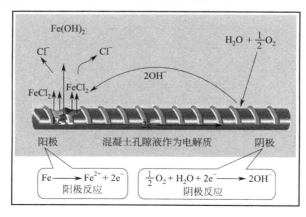

图 1-3　氯离子侵蚀示意图

$$Fe^{2+}+2Cl^-+4H_2O \longrightarrow FeCl_2 \cdot 4H_2O \qquad (1\text{-}10)$$

$$FeCl_2 \cdot 4H_2O \longrightarrow Fe(OH)_2+2H^++2Cl^-+4H_2O \qquad (1\text{-}11)$$

在此反应中，Cl^- 使 Fe^{2+} 被搬运走，从而加速阳极反应的发生，Cl^- 发挥了阳极去极化作用的功能。氯离子在整个过程中起到"搬运工"的作用，并没有被消耗掉。

（4）氯离子的导电作用。氯离子能够促进混凝土孔隙液中离子通路的形成，减小阴极和阳极之间的腐蚀电阻，加快腐蚀电化学反应的发生，从而提高钢筋锈蚀速率。

1.1.2　海洋环境下混凝土结构钢筋锈蚀防护措施

目前，海洋环境下防止钢筋锈蚀的措施主要分为两大类：一是从材料本身出发可采取的措施，如使用高性能混凝土、使用特种钢筋、增加混凝土保护层厚度、尽量减少混凝土中氯离子含量等；二是采用附加措施，如使用钢筋阻锈剂、混凝土表面涂层、电化学除盐、阴极保护等。

（1）高性能混凝土。高性能混凝土是在传统混凝土组成的基础上添加一些性能优异的矿物掺合料如粉煤灰、硅灰、高炉矿渣等和具有减水、引气、缓凝、早强等功能的新型高效外加剂，在不影响混凝土性能的前提下可有效降低混凝土的水灰比，提高混凝土的致密性，降低腐蚀介质的渗透速率，从而形成具有高强度、高耐久性、高体积稳定性、低水胶比、低缺陷的新型混凝土材料。

（2）特种钢筋。特种钢筋是指对普通钢筋进行处理或者直接采用具有抗氯离子侵蚀性能的钢筋。目前已开发研制出的特种钢筋主要包括环氧涂层钢筋、不锈钢钢筋、热浸锌涂层钢筋、复合材料钢筋等。

1）环氧涂层钢筋。环氧涂层钢筋是指在钢筋表面喷涂环氧涂层，它能有效隔绝氧气、氯离子等腐蚀介质渗入钢筋表面，降低钢筋的锈蚀速率。但环氧涂层钢筋脆性较大，在加工、运输、安装等过程中钢筋表面的涂层易遭到破坏，且与一般钢筋相比，环氧涂层钢筋会降低与混凝土之间的附着力。

2）不锈钢钢筋。不锈钢钢筋内的铬元素能够与腐蚀介质中的氧元素发生反应，在钢筋表面生成一层致密的自钝化膜，防止钢筋发生进一步的锈蚀。虽然不锈钢钢筋的耐腐蚀性能十分优异，但因价格较为昂贵，未能得到广泛应用。

3）热浸涂锌钢筋。热浸涂锌钢筋是将已经打磨处理后的普通钢筋放入熔融的锌溶液（约450℃）中，使其发生冶金反应，在钢筋的表面生成一层由铁-锌合金和纯锌构成的覆盖层，从而阻滞腐蚀介质与钢筋的接触。另外，由于锌的活泼性比碳钢强，它可以作为牺牲阳极为碳钢提供阴极保护。虽然热浸涂锌钢筋造价低廉且与混凝土之间具有较强的附着力，但在恶劣的海洋环境下，镀锌涂层服役寿命很低，不能为钢筋提供长久的保护。

（3）钢筋阻锈剂。阻锈剂的阻锈机理是阻锈剂参与界面电化学反应，在钢筋表面生成钝化膜或直接吸附在钢筋表面或同时兼有这两种机理。根据作用机理，阻锈剂可分为阳极型阻锈剂、阴极型阻锈剂和混合型阻锈剂。阳极型阻锈剂主要通过阻滞阳极失去电子来减缓或抑制阳极反应的发生，以达到保护钢筋的目的。这类阻锈剂通常为无机盐类，如亚硝酸盐、硅酸盐、铬酸盐等。以亚硝酸盐为例，它在钢筋表面主要发生如下的反应：

$$Fe^{2+}+OH^-+NO_2^- \longrightarrow NO+Fe(OH)_2 \tag{1-12}$$

$$或 \; 2Fe^{2+}+2OH^-+2NO_2^- \longrightarrow 2NO+Fe_2O_3+H_2O \tag{1-13}$$

这些无机盐类阻锈剂具有较强的氧化性，能够将腐蚀产生的 Fe^{2+} 氧化，在钢筋表面生成一层致密的钝化膜，从而阻滞外部介质进入钢筋表面，延缓钢筋锈蚀反应的发生。虽然这类阻锈剂具有较强的防腐性能但由于存在致癌、影响坍落度、引起碱骨料反应等劣势导致其应用受到一定的限制。阴极型阻锈剂主要通过在钢筋表面吸附或成膜来减缓或抑制阴极反应的发生。这类阻锈剂大多是表面活性剂，如高级脂肪酸、磷酸酯类等。阴极型阻锈剂虽然与阳极型阻锈剂相比，其"危险性"较小但阻锈效果较差且成本较高。复合型阻锈剂是通过同时减缓或抑制阳极反应和阴极反应的发生以取得较好的钢筋防腐效果。这类阻锈剂大多是由低分子量的醇胺类、氨基羧酸类等组分构成。

（4）混凝土表面涂层。对于新浇筑完的混凝土构筑件，一般在混凝土表面涂覆一层厚度 0.1～5mm 的保护层，以有效隔绝水、氧气、氯离子等腐蚀介质进入混凝土内部，从而延迟钢筋锈蚀时间，提高混凝土结构耐久性。混凝土结构表面涂层按化学组分来分可分为无机防护涂层和有机防护涂层两大类。目前常用的无机防护涂层主要是水泥基渗透结晶型防水涂层（简称CCCW），是以波特兰水泥、普通水泥、硅砂等为基材，掺入特殊的化学外加剂形成一种刚性防水材料。CCCW组分内的化学外加剂可以水为载体与混凝土中的氢氧化钙、氧化钙等碱性物质发生化学反应，生成难溶的沉淀物。这些沉淀物能够填充在混凝土孔隙中，提高混凝土的密实性，降低腐蚀介质渗入混凝土内的速率。常用的有机防护涂层主要有环氧树脂涂层、聚氨酯涂层、聚脲弹性体涂层、丙烯酸涂层、氟树脂涂层等。性能优异的涂层能够与混凝土具有较强的结合力，不易受到腐蚀介质的破坏。

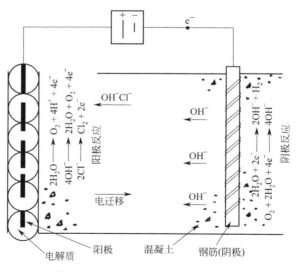

图 1-4　电化学除盐技术原理示意图

（5）电化学除盐。电化学除盐技术原理示意图如图 1-4 所示。它是在混凝土表面附加阳极和钢筋（阴极）之间施加一个电流密度为 $1～3A/m^2$ 的直流电，利用电场作用使混凝土内的氯离子迁移，达到减少混凝土内氯离子含量的目的。电化学除盐过程中化学反应方程式如下：

阳极：
$$2Cl^- \longrightarrow Cl_2 + 2e^- \tag{1-14}$$
$$4OH^- \longrightarrow 2H_2O + O_2 + 4e^- \tag{1-15}$$
$$2H_2O \longrightarrow O_2 + 4H^+ + 4e^- \tag{1-16}$$

阴极：
$$2H_2O + O_2 + 4e^- \longrightarrow 4OH^- \tag{1-17}$$
$$2H_2O + 2e^- \longrightarrow 2OH^- + H_2 \tag{1-18}$$

混凝土内的氯离子在外加电场的作用下，不断迁移到阳极区，在电解质溶液中进行阳极反应，随后以氯气的形式排出，从而达到除盐目的。同时，在钢筋附近发生阴极反应，产生大量的氢氧根离子，使混凝土孔隙液中 pH 值提高，混凝土内钢筋处于钝化状态。虽然电化学除盐技术为海洋环境下混凝土结构防腐蚀提供了一种新的思路和新的技术，但除盐后会导致钢筋与混凝土之间的粘结力下降，结构安全性能不足。

（6）阴极保护法。阴极保护法是基于电化学腐蚀原理的一种防腐蚀手段。它的基本原理是向被腐蚀钢筋表面施加一个外加电流，钢筋成为阴极，从而使得钢筋腐蚀发生的电子迁移得到抑制，避免或减弱腐蚀的发生。阴极保护法被美国腐蚀工程师协会（NACE）认为是唯一一种能在盐污染环境中有效阻止结构物腐蚀的修复技术。

阴极保护法主要有两种：牺牲阳极阴极保护法和外加电流阴极保护法。牺牲阳极阴极保护法采用比钢更为活泼的金属如锌合金、镁合金、铝合金等作为阳极，与混凝土中钢筋相连，在电解质溶液中源源不断地向钢筋输入自由电子，从而达到保护钢筋的目的。图 1-5 是以锌合金作为牺牲阳极保护阴极的示意图。牺牲阳极阴极保护法具有保护系统安装简便，且在运行过程中不必经常维护管理的优点，但阳极材料一般使用寿命较短，提供的阴极保护电流有限。

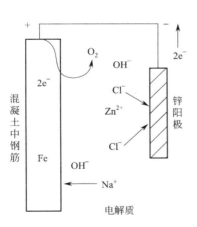 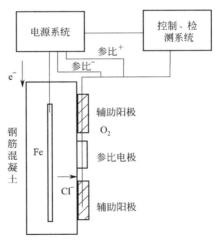

图 1-5　牺牲阳极阴极保护法示意图　　　图 1-6　外加电流阴极保护系统示意图

目前应用最广泛的是外加电流阴极保护法。外加电流阴极保护法是采用一个稳定的直流电源对钢筋进行阴极保护的方法。一个完整的外加电流阴极保护系统（图 1-6）主要由电源系统、辅助阳极、参比电极、导线等构成，其中，辅助阳极均匀分布于整个被保护的钢筋表面，使保护电流均匀分布。

1.2 水泥基复合材料热电效应研究

将热电组分（短切碳纤维、碳纳米管、微细钢纤维、金属氧化物等）掺入水泥浆中，可赋予水泥基复合材料独特的热电效应（简称 Seebeck 效应），有望应用于大体积混凝土温度自监测和海洋环境下钢筋阴极保护等实际工程中。所谓 Seebeck 效应是指当材料两端存在温差时，热端的载流子（电子或空穴）会向冷端移动从而产生电流或电荷堆积的现象。Seebeck 效应的大小可用 Seebeck 系数来表示，其定义为材料两端由于温差产生的热电动势与温差的比值。

国内外对具有 Seebeck 效应的水泥基复合材料研究由来已久。孙明清最早报道了碳纤维增强混凝土（CFRC）的热电现象，他将碳纤维、分散剂、消泡剂等材料按照一定的比例添加到水泥浆中，发现制备出的 CFRC 材料具有 Seebeck 效应，且碳纤维是引起水泥基复合材料具有 Seebeck 效应的关键因素。Chung D. D. L. 等人用溴元素处理碳纤维，发现处理后的 CFRC 材料 Seebeck 系数可由 $0.8\,\mu V/℃$ 增大至 $18\,\mu V/℃$。究其机理是因为溴元素经处理后能够进入碳纤维的石墨层间，提高体系内电子空穴浓度，进而提高 CFRC 材料的热电动势。同济大学左俊卿等人将碳纳米管复掺到 CFRC 材料中，探讨了碳纳米管掺量对 CFRC 材料绝对热电动势率的影响。研究结果表明，CFRC 材料的绝对热电动势率随着碳纳米管掺量的增加逐渐增大。当碳纳米管掺量为水泥质量的 0.5% 时，CFRC 材料绝对热电动势率达到了最大值，约为 $22.6\,\mu V/℃$。与未掺碳纳米管的 CFRC 材料相比，水泥基复合材料的绝对热电动势率提高了 260%。上海交通大学陈兵等人研究了微细钢纤维水泥基复合材料热电性能。将长度为 5mm 的微细钢纤维按不同体积分数（0.20%、0.55%、0.80%）掺入水泥砂浆中，制备了 3 种不同掺量下的微细钢纤维水泥基复合材料，并对其 Seebeck 效应进行了测试。结果显示，当微细钢纤维掺量为 0.55% 时，水泥基复合材料 Seebeck 达到最大值，约为 $-56.8\,\mu V/℃$。此外，陈兵等人还将 3 种不同的水泥砂浆（素水泥砂浆-碳纤维水泥砂浆、素水泥砂浆-微细钢纤维水泥砂浆、碳纤维水泥砂浆-微细钢纤维水泥砂浆）进行联结形成热电偶，发现，碳纤维水泥砂浆-微细钢纤维水泥砂浆热电偶性能最佳，其 Seebeck 系数高达 $70\,\mu V/℃$。最近，又有新的组分被引入水泥基复合材料中。魏剑等人将粒径为 $45\,\mu m$ 的 Fe_2O_3 和 Bi_2O_3 掺入 CFRC 材料中，使 Seebeck 系数提高至 $100\,\mu V/℃$ 左右。

虽然众多学者在 CFRC 材料热电性能的研究上作出很大努力，但由于这些材料本身的 Seebeck 系数较小，水泥基复合材料的 Seebeck 系数很难有显著提升，这就严重制约了水泥基热电材料作为阴极保护电源的使用。突破现有的理论及研究方法，在水泥基材料中引入新的热电组分，开发具有高热电效应的水泥基复合材料是解决这一问题的关键手段。

新一代热电材料的研究方向主要有两个：一个是新的元素族的块状热电材料，如电子晶体材料；另一个是使用低维度的材料系统，如宋芳芳发现纳米二氧化锰粉末制成的元件 Seebeck 系数高达 $20000\,\mu V/℃$。理论和试验表明，当材料进入纳米尺度后，能够引起量子约束效应，提高载流子在费米面附近的能量梯度，从而增大其 Seebeck 系数，同时低维化结构能够增加势阱表面声子的边界散射和声子的量子约束效应，降低晶格热导率，最终提高材料的热电效率。因此，本篇拟将具有导热、导电等优势的低维度材料作为主要的热电成分，通过合理的配伍设计出高热电效应的水泥基复合材料。

1.3　本书研究目的和内容

1.3.1　研究目的

虽然钢筋混凝土结构的防腐蚀措施有很多种，但到目前为止，海洋环境下钢筋混凝土结构还没有十分令人满意的防腐蚀方法，如涂层钢筋在使用中始终不能克服点蚀的问题，阻锈剂不可避免地随着氯离子浓度的增大而失效以及混凝土涂层在自然条件下剥落和开裂。总之，传统的海洋工程混凝土结构防腐蚀方法不能从根本上解决随着结构服役周期增长钢筋发生腐蚀的问题。

在金属结构的防腐蚀方法中，阴极保护的电化学方法被美国腐蚀工程师协会认为是最有效的方法。但由于海洋环境下钢筋混凝土结构的特殊性，牺牲阳极法由于存在保护电流小、阳极材料寿命较短、施工难度大等缺陷，普遍认为牺牲阳极保护法不大适用于保护大型钢筋混凝土结构；而外加电流的阴极保护法应用和维护均比较困难，其面临的主要问题有以下几个方面：难以为钢筋混凝土结构提供稳定的电源，阴极保护系统难以构造以及通电增大结构的不安全因素等问题。

因此，本篇通过构造具有导电、导热优势的水泥基热电复合材料并利用其在温差作用下产生的热电电压（电流）对钢筋进行阴极保护，以期建立高效水泥基复合材料热电单元科学配伍方法和理论及基于热电效应的钢筋阴极保护系统，阐明该保护机制下钢筋腐蚀自免疫机理。研究成果有望为海洋环境下混凝土结构钢筋防腐蚀提供新的思路，突破长期以来制约阴极保护外加电源系统难以构造的瓶颈，为零能耗、长寿命、免维护的智能阴极保护技术提供新思路。

1.3.2　研究内容

以纳米热电组分及钢筋阴极保护系统作为研究对象，在已有碳纤维增强混凝土热电材料研究、热电材料研究新方向及钢筋阴极保护研究的基础上，对水泥基热电复合材料进行深入研究，为其用于海洋工程混凝土结构钢筋阴极保护提供试验基础。本篇的具体研究内容如下：

（1）纳米二氧化锰水泥基复合材料热电性能研究。基于硫酸锰和过硫酸铵的氧化还原反应，采用简单的水热合成法，通过改变反应时间及原料摩尔比制备纯相的纳米二氧化锰粉末。将制备出的纳米二氧化锰粉末作为热电组分掺入水泥浆中，以赋予水泥基复合材料热电优势。采用 X 射线衍射（XRD）表征二氧化锰粉末样品的晶相结构，扫描电子显微镜（SEM）表征二氧化锰粉末样品的微观形貌和颗粒尺寸，同时，利用安装在扫描电子显微镜上的扫描电镜能谱仪（EDS）分析硬化水泥浆试样内的元素种类。通过四电极法和自制的 Seebeck 系数测试装置对不同掺量下二氧化锰水泥基复合材料的热电效应及电导率进行测试并分析其热电机理。

（2）纳米聚苯胺-二氧化锰水泥基复合材料热电性能研究。将合成的纯相纳米二氧化锰粉末作为原材料，通过简单的化学氧化聚合法与苯胺、过硫酸铵反应，制备纳米聚苯胺-二氧化锰复合材料。通过对反应原料中二氧化锰的掺量进行合理优化，得到具有高电动势率、低电阻率的聚苯胺-二氧化锰粉末。采用扫描电子显微镜表征样品的微观形貌，通过热重分析仪（TG）、傅立叶红外光谱仪（FTIR）测试样品的分子结构及化学组成。然后将制备出的纳米聚苯胺-二氧化锰粉末作为热电组分掺入水泥浆中，集成水泥基复合材料热电、导电优势。研究不同掺量下聚苯胺-二氧化锰水泥基复合材料热电性能，并着重分析其热电机理。

（3）基于热电效应的钢筋阴极防护机理研究。采用自制的温差发电系统（串联聚苯胺-二氧化锰水泥基复合材料且试样两端存在一个温差），在掺 3.5% 氯化钠的混凝土模拟孔隙液中对钢筋进行阴极保护，研究温差发电用于混凝土结构中钢筋阴极保护的可行性。以钛网作为阳极，钢筋作为阴极，掺 3.5% 氯化钠的混凝土模拟孔隙液作为电解质溶液，通过温差发电系统连接以形成阴极保护回路。在采用阴极保护和未采用阴极保护这两种情况下，通过电化学测试方法（半电池电位法、极化曲线法和交流阻抗法）对处于掺 3.5% 氯化钠的混凝土模拟孔隙液中的钢筋腐蚀情况进行对比研究，着重分析水泥基热电材料热电效应对钢筋阴极防护的作用机理。

第2章 纳米二氧化锰水泥基复合材料制备及热电性能研究

2.1 引言

为显著提高水泥基材料的热电性能，满足海洋工程混凝土结构中钢筋阴极保护对高电动势率的要求，必须有针对性地在水泥浆中引入热电性能优异的半导体组分。其中，纳米过渡金属氧化物半导体材料由于其量子约束效应及可调节的电子、声子传输性质，在热电材料领域正成为研究热点并得到迅速发展。研究发现，二氧化锰半导体是一种性能优异的热电材料。Preisler 等人对 γ-MnO_2 粉末的 Seebeck 效应进行了系统的研究，发现，随着测试温度的升高，Seebeck 系数逐渐增大，当温度升高至 500℃ 时，Seebeck 系数达到 300μV/℃。Walia 等人采用球磨法制备了厚度为 2～2.5μm 的 β-MnO_2 薄膜，发现室温下其 Seebeck 系数达到 460μV/℃。Islam 等人采用热分解法制备了厚度为 160nm、200nm、220nm 及 250nm 四种不同的 MnO_2 薄膜，发现其 Seebeck 系数分别为 2500μV/℃、2300μV/℃、1750μV/℃ 及 1600μV/℃。Hedden 等人采用球磨法制备了不同颗粒尺寸的 β-MnO_2 粉末，发现 Seebeck 系数的大小与颗粒尺寸及颗粒形貌有关。Song 等人对 30nm β-MnO_2 粉末的热电效应进行测试，发现，其 Seebeck 系数可高达 40000μV/℃。基于目前国内外众多学者对二氧化锰热电效应的研究成果，可推测随着颗粒尺寸或薄膜厚度的减小，二氧化锰水泥基复合材料热电效应逐渐增大。

纳米二氧化锰的制备方法主要有水热合成法、溶胶-凝胶法、模板法及微乳液法等，其中，水热合成法由于制备工艺简单、造价低且能控制产物的晶相结构和形貌变化，应用最为广泛。因此，本章拟通过简单的水热合成法制备纯相的纳米二氧化锰粉末，并将其作为热电组分掺入水泥浆中，以期得到具有高电动势率的水泥基复合材料。研究内容主要分为三部分：①调整制备工艺合成纯相纳米二氧化锰；②二氧化锰水泥基复合材料热电性能测试；③二氧化锰水泥基复合材料热电性能影响因素作用机理分析。

2.2 试验原料与仪器

2.2.1 试验原料

硫酸锰：分子式 $MnSO_4 \cdot H_2O$，分析纯，淡粉色粉末状结晶，国药集团化学试剂有限公司；

过硫酸铵：分子式 $(NH_4)_2S_2O_8$，分析纯，白色结晶或结晶粉末，国药集团化学试剂有限公司；

水泥：P Ⅱ 42.5 级普通硅酸盐水泥，密度为 $3.12g/cm^3$，比表面积为 $346m^2/kg$，组成见表 2-1 所列；

水：去离子水。

普通硅酸盐水泥的组成 表 2-1

组分	SiO_2	Al_2O_3	Fe_2O_3	CaO	MgO	SO_3	K_2O	TiO_2
含量(%)	21.42	5.63	2.70	63.32	1.91	3.43	0.68	0.29

2.2.2 试验仪器

主要仪器见表 2-2 所列。

主要试验仪器 表 2-2

仪器名称	型号	生产厂家
电子分析天平	FA2104	上海光学仪器一厂
数显恒温磁力搅拌器	HJ-6A	常州金南仪器制造有限公司
数显式电热恒温水浴锅	HH·S11-2-S	上海五久自动化设备有限公司
超声波清洗器	KQ-100	昆山市超声仪器有限公司
数字万用表	FLUCK B15	福禄克测试仪器(上海)有限公司
多路输出直流电源	GPS-2303C	固纬电子(苏州)有限公司
高速离心机	TG16-WS	长沙湘锐离心机有限公司
真空干燥箱	DZF-6050	上海圣科仪器设备有限公司
研钵	S006003G005-9 cm	上海精密仪器仪表有限公司
水热反应釜	SF-100	上海岩征实验仪器有限公司
水泥净浆搅拌机	NJ-160A	天津中路达仪器科技有限公司
X 射线衍射仪(XRD)	UItima IV	日本理学株式会社
扫描电子显微镜(SEM)	S-3400N	日立集团有限公司
扫描电镜能谱仪(EDS)	Genesis Apollo X/XL	美国伊达克斯有限公司

2.3 试验方案

2.3.1 纳米二氧化锰的制备

二氧化锰制备采用简单的水热合成法，反应方程式为：

$$MnSO_4 + (NH_4)_2S_2O_8 + 2H_2O \longrightarrow MnO_2 + (NH_4)_2S_2O_4 + 2H_2SO_4 \qquad (2-1)$$

具体制备过程如下：将定量的 $MnSO_4 \cdot H_2O$ 和 $(NH_4)_2S_2O_8$ 分别溶于 65mL 去离子水中并在磁力搅拌器下搅拌 30min，然后将上述二溶液缓慢倒入 100mL 聚四氟乙烯内衬的水热反应釜内，置于 120℃真空干燥箱中反应一定时间后取出，冷却至室温。将所得沉淀用高速离心机离心并用去离子水反复洗涤 3 次，于 90℃下干燥 24h，最后用研钵进行研磨。研磨后即得到二氧化锰粉末。样品的制备条件如表 2-3 所示。

纳米二氧化锰样品的制备条件　　　　　　　　　　表 2-3

编号	反应时间(h)	$MnSO_4$: $(NH_4)_2S_2O_8$
a	12	1 : 1
b	24	1 : 1
c	48	1 : 1
d	48	1 : 0.5
e	48	1 : 2
f	48	1 : 4

2.3.2　纳米二氧化锰水泥基复合材料制备

试样水灰比为 0.45，二氧化锰的掺量分别为水泥质量的 0、0.5%、2.5% 及 5.0%。制作两批试样，第一批用于二氧化锰水泥基复合材料 Seebeck 系数的测试，第二批用于二氧化锰水泥基复合材料电导率的测试。首先称取一定量的水，将制备的二氧化锰粉末加入其中并超声分散 15min 后倒入水泥净浆搅拌锅中，而后再倒入定量的水泥进行梯度搅拌，使其均匀。搅拌完毕后将拌合料装入 40mm×40mm×160mm 的试模中，振捣密实，养护 1d 后拆模，最后放在标准养护室中养护 28d，备用。将养护好的试样两端用水砂纸打磨平整，而后涂抹一层导电银胶，将薄铜块与涂抹导电银胶的试样表面包裹住，并在薄铜块外表面焊接铜线。第二批试样的制备过程与第一批试样的制备过程基本一致，不同之处在于：①振捣密实后需在试样内预埋一对电极；②养护好的试样两端用水砂纸打磨平整后涂抹一层导电银胶，用锡箔纸将铜线与涂抹导电银胶的试样表面包裹住。

2.3.3　纳米二氧化锰样品表征

（1）X 射线衍射分析

X 射线是一种波长很短的电磁波，它能穿透一定厚度的物质并对其进行 X 射线衍射，得到 X 射线衍射谱图。工作原理如下：利用 X 射线衍射分析仪发出的初级 X 射线激发待测粒子（原子、分子或离子）产生次级 X 射线，这些次级 X 射线会发生光的干涉作用，从而使其强度增强或减弱，其中，强度最大的光束称为 X 射线的衍射线。

X 射线衍射（X-ray Diffraction，简称 XRD）的方法分为劳埃法、周转晶体法和粉末法三种，其中粉末法是最常用的方法。粉末法可将待测物质（如粉末状、棒状、块状等）直接作为试样，进行 X 射线衍射得到待测物质的衍射花样。然后采用"粉末衍射标准联合委员会（JCPDS）"负责编辑出版的"粉末衍射卡片（PDF 卡片）"将待测物质的衍射花样与标准衍射花样进行对比，从而确定待测物质的晶相结构与纯度。

本试验采用 XRD 判断二氧化锰粉末样品的晶相结构和纯度，仪器型号为 UItima IV，辐射源为 Cu-Ka（波长 λ=1.5418 Å），靶压 40 kV，靶电流 40mA，扫描范围为 $10°\sim80°$，扫描步长为 0.02°。

（2）扫描电子显微镜分析

扫描电子显微镜（Scanning Electron Microscope，简称 SEM）的制作是依据电子和物质的相互作用。当一束高能入射电子射到待测物质表面时，待测物质表面被激发的区域将产生背散射电子、二次电子、俄歇电子等。利用这些电子与待测物质的相互作用，可获得待测物质的各种物理信息，如微观形貌、晶体结构、电子结构等。

扫描电子显微镜的工作原理是用一束极细的电子束作为光源扫描待测物质，并在其表面激发产生次级电子，次级电子由探测体收集并经闪烁器转化为光信号，然后再通过光电倍增管放大并转换为电流信号，最后经电信号放大器转变为信号电压，送至信号处理和成像系统，从而显示扫描图像。从扫描图像中可以看出待测物体的表面结构。为了使待测物体表面在电子束的激发下能够产生次级电子，在测试之前需进行喷金处理。

本试验采用 SEM 观察二氧化锰粉末样品的微观形貌和颗粒尺寸，仪器型号为 S-3400N，仪器加速电压为 15kV。

（3）扫描电镜能谱仪分析

扫描电镜能谱仪（Energy Dispersive Spectrometer，简称 EDS）的工作原理是当入射电子射到待测物质时，会使内层电子激发产生特征 X 射线。特征 X 射线通过测角台进入到掺杂有微量锂的半导体固体探测器中，并在探测器内产生与 X 射线成比例的电荷。通过场效应管将电荷聚集并产生脉冲电压，然后用多道脉冲高度分析器测量脉冲电压的波峰值和脉冲数，便可以得到横轴为 X 射线能量、纵轴为 X 射线光子数的谱图。利用谱图中的谱峰可对待测物质中存在的元素种类及含量进行定性、定量分析。

本试验利用安装在扫描电子显微镜上的 EDS 对二氧化锰水泥基复合材料内的元素种类进行分析。

2.3.4 纳米二氧化锰水泥基复合材料热电性能测试

采用图 2-1 所示的装置对第二批硬化水泥浆试样进行电导率测试。其中，A、D 为外电极，B、C 为内电极。选用 GPS-2303C 型多路输出直流电源为 A、D 输出电流。选用 FLUCK B15 数字万用表与 A、D 相连，测量流经试样两端的电流 I，另一个 FLUCK B15 数字万用表与 B、C 相连，测量其两端的电压 U。可通过下列关系式计算出电导率：

$$\sigma = \frac{1}{\rho} = \frac{I}{U} \cdot \frac{L}{S} \tag{2-2}$$

式中 σ——电导率；

ρ——电阻率；

S——试样的横截面面积；

L——B、C 之间的间距。

采用图 2-2 所示的装置对第一批硬化水泥浆试样的 Seebeck 系数进行测试。试样的一

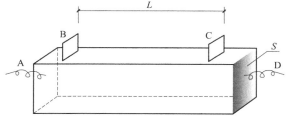

图 2-1 试件电导率测试装置的原理示意图

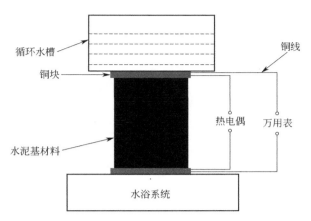

图 2-2　Seebeck 系数测试装置的原理示意图

端用数显式电热恒温水浴锅以 0.1℃/s 的速率升温到 75℃，另一端用循环冷却水装置使其保持在室温。试样两端的温差通过预埋的一对 K 型热电偶监测，产生的 Seebeck 电压通过 FLUCK B15 型数字万用表监测。根据试样两端产生的 Seebeck 电压随温差的比值，可以计算二氧化锰水泥基复合材料 Seebeck 系数的大小，其关系如下：

$$S = \lim_{\Delta T \to 0} \frac{V}{\Delta T} \tag{2-3}$$

式中　S——所测 MnO_2 水泥基复合材料的 Seebeck 系数；

　　　ΔT——试块两端的温度差；

　　　V——由温度差而产生的 Seebeck 电压。

2.4　结果与讨论

2.4.1　不同反应时间样品的 XRD 和 SEM 表征结果

图 2-3 为 $MnSO_4$：$(NH_4)_2S_2O_8 = 1:1$ 时，不同反应时间（12h、24h、48h）下所制得的样品的 XRD 衍射图，其中 a 号样反应时间为 12h，b 号样反应时间为 24h，c 号样反应时间为 48h。通过在衍射数据库中将未知晶相结构的衍射峰与已知晶相结构的衍射峰对比，发现，a 号样的衍射峰主要表现为 γ-MnO_2（PDF♯44-0142），还有少量的 α-MnO_2（PDF♯44-0141）；b 号样的衍射峰主要表现为 β-MnO_2（PDF♯24-0735），还有少量的 α-MnO_2；c 号样的衍射峰表现为纯相的 β-MnO_2。由此可知，随着反应时间的延长，样品的晶相结构表现为 γ-MnO_2 转化为 β-MnO_2，其间还有少量 α-MnO_2 生成的转变趋势。这也说明了 β-MnO_2 稳定性最好。

图 2-4 为反应时间 48h 样品的 XRD 衍射图，（110）、（101）、（200）、（111）、（210）、（211）、（220）、（002）、（310）、（301）衍射峰与标准谱图 PDF♯24-0735 能够很好地吻合，虽然在 70°～80° 范围内，有些微弱的衍射峰未被确定，但可能是因为杂散信号而引起的，可以忽略不计，故可认为所得产物为 β-MnO_2 的纯相。

图 2-5 为 $MnSO_4$：$(NH_4)_2S_2O_8 = 1:1$ 时，不同反应时间（12h、24h、48h）下制得的

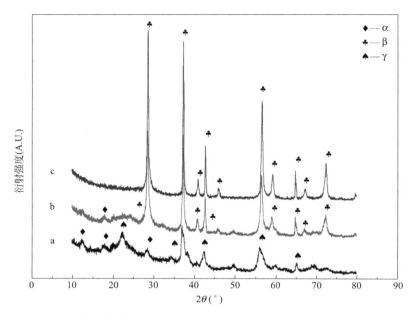

图 2-3　不同反应时间（a：12h；b：24h；c：48h）样品的 XRD 衍射图

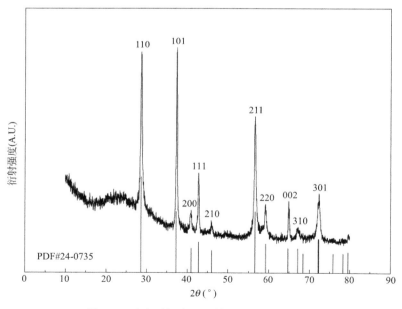

图 2-4　反应时间为 48h 样品的 XRD 衍射图

MnO_2 样品的 SEM 图。其中，图 2-5（a）代表反应时间为 12h 的 a 号样 SEM 图，图 2-5（b）代表反应时间为 24h 的 b 号样 SEM 图，图 2-5（c）代表反应时间为 48h 的 c 号样 SEM 图。从图 2-5（a）中可以看出，a 号样的反应产物为棒状和不规则团簇组成的混合物，且团簇附着在棒状 MnO_2 颗粒的周围。结合 XRD 衍射图分析可知，该棒状结构为 γ-MnO_2 颗粒，团簇为 α-MnO_2 颗粒。从 SEM 图中可以看出，γ-MnO_2 颗粒的直径为 100～200nm，

图 2-5 不同反应时间（a：12h；b：24h；c：48h）样品的 SEM 图

(a) 12h；(b) 24h；(c) 48h

长度为 1～2μm。从图 2-5(b) 中可以看出，b 号样的反应产物纯度较高，基本无团簇出现。颗粒形貌为棒状结构，其直径为 100～150nm，长度为 1～1.5μm，相应的 XRD 测试表明此反应产物为 β-MnO$_2$ 颗粒。从图 2-5(c) 中可以看出，c 号样反应产物的颗粒形貌与 b 号样反应产物的颗粒形貌基本相同，均为棒状结构，但颗粒直径变小，为 70～80nm。结合 XRD 衍射图分析可知，该颗粒为纯相的纳米 β-MnO$_2$ 颗粒。由此可知，随着反应时间的延长，可制备出纯相 β-MnO$_2$ 纳米粉末。

2.4.2 不同反应物摩尔比样品的 XRD 和 SEM 表征结果

图 2-6 为反应时间 48h 时，不同摩尔比下所制得样品的 XRD 衍射图。从图中可以看出，当 MnSO$_4$：(NH$_4$)$_2$S$_2$O$_8$=1：0.5 时，样品衍射峰表现为 β-MnO$_2$ 的衍射峰；当 MnSO$_4$：(NH$_4$)$_2$S$_2$O$_8$=1：1 时，样品衍射峰与 MnSO$_4$：(NH$_4$)$_2$S$_2$O$_8$=1：0.5 时相似，均为 β-MnO$_2$ 的衍射峰；当 MnSO$_4$：(NH$_4$)$_2$S$_2$O$_8$=1：2 时，样品的衍射峰表现为 γ-MnO$_2$（PDF♯44-0142）和 α-MnO$_2$（PDF♯44-0141）混合物的衍射峰。当 MnSO$_4$：(NH$_4$)$_2$S$_2$O$_8$=1：4 时，样品的衍射峰表现为纯相的 α-MnO$_2$。由此可知，随着反应物摩尔比的增大，样品的晶相结构表现出 β-MnO$_2$ → γ-MnO$_2$ + α-MnO$_2$ → α-MnO$_2$ 的转变趋势。

图 2-7 为反应时间 48h 时，不同摩尔比下制得样品的 SEM 图。从图 2-7 中可以看出，当 MnSO$_4$：(NH$_4$)$_2$S$_2$O$_8$=1：0.5 时，反应产物的颗粒形貌为棒状结构，且颗粒的直径为 150～200nm，长度为 1.5～2μm。结合 XRD 衍射图分析可知，该棒状结构为

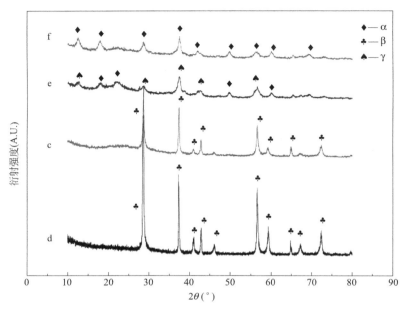

图 2-6 不同反应物摩尔比（c：1∶1；d：1∶0.5；e：1∶2；f：1∶4）样品的 XRD 衍射图

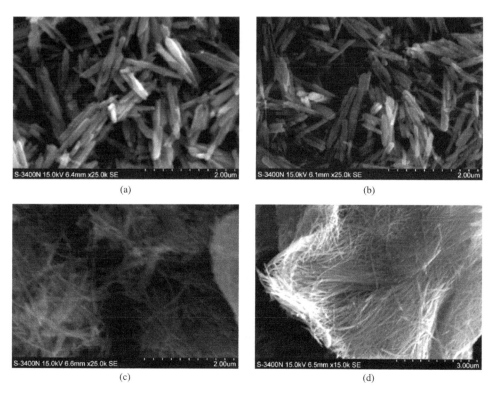

图 2-7 不同反应物摩尔比样品的 SEM 图
(a) 1∶0.5；(b) 1∶1；(c) 1∶2；(d) 1∶4

β-MnO₂ 颗粒。当 $MnSO_4$：$(NH_4)_2S_2O_8 = 1 : 1$ 时，反应产物的颗粒形貌与 $MnSO_4$：$(NH_4)_2S_2O_8 = 1 : 0.5$ 时反应产物的颗粒形貌基本相同，均为棒状结构，但颗粒直径变小，为 70～80nm。相应的 XRD 测试表明此反应产物也为 β-MnO₂ 颗粒。当 $MnSO_4$：$(NH_4)_2S_2O_8 = 1 : 2$ 时，反应产物相互缠绕，为线状结构。结合 XRD 衍射图分析可知，该反应产物为 γ-MnO₂ 和 α-MnO₂ 纳米线的混合物。当 $MnSO_4$：$(NH_4)_2S_2O_8 = 1 : 4$ 时，反应产物全部为 α-MnO₂ 的纳米线，其直径为 50～100nm。

2.4.3 水泥基复合材料 EDS 表征结果

在反应时间为 48h、$MnSO_4$：$(NH_4)_2S_2O_8 = 1 : 1$、反应温度为 120℃水热条件下可制备出直径为 70～80nm 的纯相 β-MnO₂ 纳米粉末。将此条件下制备的黑色的 β-MnO₂ 纳米粉末作为热电组分掺入水泥浆中，制备二氧化锰水泥基复合材料。图 2-8 为二氧化锰掺量为水泥质量 5.0% 时的水泥基复合材料 EDS 面扫图，其中，图(a) 为水泥基复合材料面扫区域，图(b) 为面扫区域内元素分布，图(c) 为 Mn 元素的分布，图(d) 为 O 元素的分布。图(b) 表明水泥基复合材料中有 Mn 元素的存在，图(c) 表明 Mn 元素均匀分散在硬化的水泥浆中，即说明 MnO₂ 均匀分散在水泥浆中。结合 SEM 及 EDS 表征结果发现，纳米 MnO₂ 均匀分散在水泥浆中。

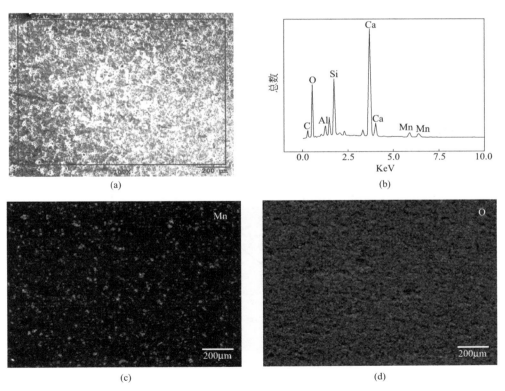

图 2-8 二氧化锰水泥基复合材料 EDS 面扫图

2.4.4 水泥基复合材料热电性能分析

图 2-9 为不同掺量下（0、0.5%、2.5% 及 5.0%）二氧化锰水泥基复合材料的 Seebeck 电压与温差之间的关系图。

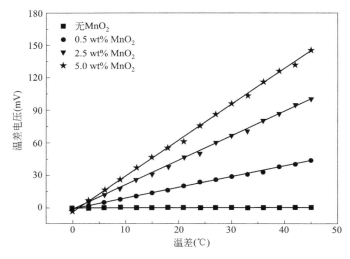

图 2-9 不同 MnO_2 掺量水泥基复合材料的 Seebeck 电压与温差之间的关系图

从图 2-9 中可以发现，二氧化锰水泥基复合材料由于温差而产生的 Seebeck 电压与温差之间大致呈线性关系，直线的斜率即为 Seebeck 系数。且随着纳米 MnO_2 掺量的增加，水泥基复合材料的 Seebeck 系数逐渐增大。当掺量为水泥质量的 5.0% 时，二氧化锰水泥基复合材料的 Seebeck 系数达到最大值。

图 2-10 为纳米 MnO_2 粉末掺量与水泥基复合材料 Seebeck 系数的关系图。从图中可以发现，未掺纳米 MnO_2 粉末的水泥基复合材料 Seebeck 系数约为 0，可以忽略不计。当

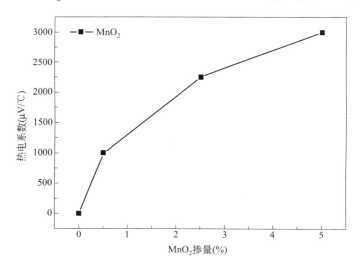

图 2-10 MnO_2 粉末掺量与水泥基复合材料 Seebeck 系数的关系图

纳米 MnO_2 粉末掺量为水泥质量 0.5% 时,水泥基复合材料 Seebeck 系数迅速增大,约为 $1000\mu V/℃$,表明纳米 MnO_2 粉末是水泥基复合材料热电性能的主要来源。这是因为 MnO_2 作为一种 N 型的半导体材料,在温差作用下能够产生电压(电流),从而使水泥基复合材料产生热电效应。当 MnO_2 粉末掺量为水泥质量 2.5% 时,水泥基复合材料 Seebeck 系数达到 $2250\mu V/℃$。当 MnO_2 粉末掺量为水泥质量 5.0% 时,水泥基复合材料 Seebeck 系数达到最大值 $3300\mu V/℃$,远高于碳纤维增强水泥基材料的 Seebeck 系数。这主要是因为均匀分散在水泥浆中的纳米 MnO_2 引起了量子约束效应,提高了载流子在费米面附近的能量梯度,从而增大了水泥基复合材料的 Seebeck 系数。

在恒定弛豫时间假设的前提下,Seebeck 系数可定义如下:

$$S = \frac{k}{q} \frac{\int_{-\infty}^{+\infty} \frac{f}{(f+1)^2} D(E) \frac{E-E_F}{kT} dE}{\int_{-\infty}^{+\infty} \frac{f}{(f+1)^2} D(E) dE} \tag{2-4}$$

$$其中, f = \exp[(E-E_F)/kT] \tag{2-5}$$

式(2-4)、式(2-5) 中,k 是指玻尔兹曼常数,q 是指单位电荷,E 是指总能级,E_F 是指费米能级,D 是指电子态密度,T 是指绝对温差电动势。从式(2-4) 中,可以发现,电子态密度是引起 Seebeck 系数剧变的最重要的因素。Music 和 Schneider 对不同 MnO_2 块体材料 [MnO_2(110) 和 MnO_2(001)] 表面的电子态密度及 Seebeck 系数进行测试并比较分析,发现,材料表面电子态密度的不同可引起 Seebeck 系数的变化且变化范围能达到两个数量级。

图 2-11 为材料电子表面态密度与材料维度之间的关系图。从图中可以看出,随着材料维度的改变,电子态密度也出现了显著的差别。当材料进入纳米尺度后,电子态密度变得十分尖锐。因此,综上所述,功能性的纳米 MnO_2 是赋予水泥基复合材料 Seebeck 效应的根本因素。

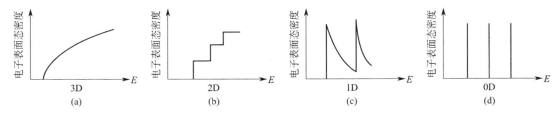

图 2-11　材料电子表面态密度
(a) 3 维块状晶体半导体;(b) 2 维量子阱;(c) 1 维纳米线或纳米管;(d) 0 维量子点

图 2-12 为纳米 MnO_2 粉末掺量与水泥基复合材料电导率的关系图。从图中可以发现,当纳米 MnO_2 粉末掺量为水泥质量的 0.5% 时,水泥基复合材料的电导率增大至 $2\times 10^{-5}S/cm$,与未掺纳米 MnO_2 水泥基材料电导率 $0.87\times 10^{-5}S/cm$ 相比,电导率有所提高。这主要是因为 MnO_2 作为一种 N 型半导体材料,导电性能要优于非导电的硬化水泥浆。当掺量为 2.5% 时,二氧化锰水泥基复合材料电导率约为 $2\times 10^{-5}S/cm$。当掺量为 5.0% 时,二氧化锰水泥基复合材料的电导率虽有所降低,但变化不大,约为 $1.7\times$

10^{-5} S/cm。从水泥基复合材料中纳米 MnO_2 粉末掺量与电导率的关系中，可以看出，将半导体材料作为热电组分掺入水泥砂浆中并不能显著提高其导电性能。

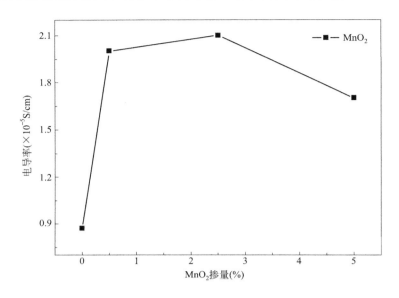

图 2-12　纳米 MnO_2 粉末掺量与水泥基复合材料电导率的关系图

2.5　本章小结

本章首先以硫酸锰和过硫酸铵作为反应物原料，采用简单的水热合成法，通过改变反应时间和反应物摩尔比控制二氧化锰晶型生长及形貌结构，以期制备出纯相的纳米二氧化锰粉末。然后将制备出的纯相纳米二氧化锰作为热电组分掺入水泥浆中，研究二氧化锰掺量对水泥基复合材料热电性能的影响，并对其热电机理进行分析。主要结论如下：

（1）采用 $MnSO_4 \cdot H_2O$ 和（NH_4）$_2S_2O_8$，在 $MnSO_4$：（NH_4）$_2S_2O_8$＝1：1、不同反应时间（12h、24h、48h）条件下，通过水热法可制备出不同晶型及颗粒尺寸的二氧化锰粉末。随着反应时间的延长，反应产物的晶相结构表现出 γ-MnO_2 转化为 β-MnO_2，其间还有少量 α-MnO_2 生成的转变趋势。当反应温度为 120℃、$MnSO_4$：（NH_4）$_2S_2O_8$＝1：1、反应时间为 48h 时，可制备出直径为 70～80nm 的纯相纳米 β-MnO_2 粉末。

（2）采用 $MnSO_4 \cdot H_2O$ 和（NH_4）$_2S_2O_8$，在反应时间 48h、不同摩尔比（1：0.5、1：1、1：2、1：4）条件下，通过水热法可制备出不同晶型及颗粒尺寸的二氧化锰粉末。随着反应物摩尔比的增大，样品的晶相结构表现出 β-MnO_2 → γ-MnO_2 ＋ α-MnO_2 → α-MnO_2 的转变趋势。

（3）将纳米 β-MnO_2 作为热电组分掺入水泥浆中，发现二氧化锰水泥基复合材料产生的热电电压与温差之间大致呈线性关系，直线的斜率即为 Seebeck 系数。且随着纳米 MnO_2 掺量的增加，水泥基复合材料的 Seebeck 系数逐渐增大。

（4）当纳米 MnO_2 掺量为水泥质量的 5.0% 时，水泥基复合材料 Seebeck 系数达到最大值 $3300\mu V/℃$，远高于碳纤维增强水泥基材料的 Seebeck 系数。这主要是因为材料进入纳米尺度后会引起量子约束效应，提高载流子在费米面附近的能量梯度，从而增大 Seebeck 系数。

（5）半导体材料作为热电组分掺入水泥浆中，虽然可以显著提高水泥基复合材料的热电性能，但其导电性能较差。

第 3 章　聚苯胺-二氧化锰水泥基复合材料热电性能研究

3.1　引言

将二氧化锰这种半导体材料作为热电组分掺入水泥浆中，虽然可以显著提高水泥基复合材料的热电性能，但其导电性能较差，难以满足海洋工程混凝土结构中钢筋阴极保护对低电阻率的要求。导电聚合物由于物理和化学性质独特、结构和性能可控及制备工艺简单等优点，被广泛用于太阳能电池、温差发电、发光二极管、电池屏蔽以及金属防腐蚀等领域。目前常用的导电聚合物有聚苯胺（Polyaniline，PANI）、聚乙炔（Polyacetylene，PA）、聚吡咯（Polypyrrole，PPy）、聚噻吩（Polythiophene，PTH）等。其中，导电聚苯胺由于原料易得、化学性能稳定、电导率高，是一种潜在的可以提高水泥基体导电性能的材料。基于纳米二氧化锰粉末较高的热电效应及导电聚苯胺较高的电导率，本章拟将导电聚苯胺与纳米二氧化锰复合，制备具有高电动势率、低电阻率的聚苯胺-二氧化锰复合材料。

聚苯胺-二氧化锰复合材料常采用原位沉积法获得，但这种方法存在一些缺陷，如在酸性条件下，由于二氧化锰具有较强的氧化性，可将苯胺氧化而其自身被还原为可溶性的二价锰盐，这就大大降低了聚苯胺-二氧化锰复合材料中二氧化锰的含量。本章通过合理调整二氧化锰的掺入时间，有效地解决了二氧化锰被大量消耗的难题。此外，大量文献表明，二氧化锰的掺量影响聚苯胺的电导率，这是因为过量的二氧化锰能将导电的聚苯胺氧化成不导电的聚苯胺。因此，本章主要研究内容如下：①研究二氧化锰粉末掺量对聚苯胺-二氧化锰复合材料热电效应及电导率的影响，以制备出具有较高热电效应及高电导率的复合材料；②研究聚苯胺-二氧化锰粉末掺量对水泥基复合材料热电性能的影响，以制备出具有高电动势率、低电阻率的水泥基复合材料；③研究聚苯胺-二氧化锰水泥基复合材料热电性能的影响机理。

3.2　试验原料与仪器

3.2.1　试验原料

苯胺：分子式 $C_6H_5NH_2$，简写为 ANI，分析纯，无色油状液体，上海麦克林生化科技有限公司。在使用前需经二次减压蒸馏，然后置于黑暗处备用。

过硫酸铵：分子式 $(NH_4)_2S_2O_8$，简写为 APS，分析纯，白色结晶或结晶粉末，国药集团化学试剂有限公司。

盐酸：分子式 HCl，分析纯，国药集团化学试剂有限公司。

二氧化锰：分子式 MnO_2，选用第 2 章以 $MnSO_4 \cdot H_2O$ 和 $(NH_4)_2S_2O_8$ 作为反应原料，在反应时间为 48h、$MnSO_4 : (NH_4)_2S_2O_8 = 1 : 1$、反应温度为 120℃水热条件下制备出的纯相 β-MnO_2 纳米粉末。

3.2.2 试验仪器

试验仪器如表 3-1 所示。

试验仪器   表 3-1

仪器名称	型号	生产厂家
电子分析天平	FA2104	上海光学仪器一厂
数显恒温磁力搅拌器	HJ-6A	常州金南仪器制造有限公司
循环水式真空泵	SHZ-D(Ⅲ)	巩义市科瑞仪器有限公司
超声波清洗器	KQ-100	昆山市超声仪器有限公司
真空干燥箱	DZF-6050	上海圣科仪器设备有限公司
研钵	S006003G005-9 cm	上海精密仪器仪表有限公司
水泥净浆搅拌机	NJ-160A	天津中路达仪器科技有限公司
热重分析仪(TG)	TGA1450	上海盈诺精密仪器有限公司
四探针电导率测试仪	SYD-1	德国艾力蒙塔贸易(上海)有限公司
多路输出直流电源	GPS-2303C	固纬电子(苏州)有限公司
扫描电子显微镜(SEM)	S-3400N	日立集团有限公司
傅立叶红外光谱仪(FTIR)	Bruker Tensor 27	布鲁克(北京)科技有限公司

3.3 试验方案

3.3.1 聚苯胺-二氧化锰的制备过程

称取定量的 ANI（0.9313g）和 APS（2.2820g），将其分别溶于 25mL、1mol/L HCl 溶液中并磁力搅拌 30min，而后将 APS 的 HCl 溶液逐滴滴加到 ANI 的 HCl 溶液中，滴加完毕后，再将定量的 MnO_2 粉末（4g、6g、8g、10g、15g）缓慢加入其中，磁力搅拌 6h。反应完毕后用循环水式真空泵进行抽滤，并依次用去离子水和无水乙醇反复洗涤过滤，直至滤液呈中性。最后将产物置于 60℃真空干燥箱中干燥 24h，研磨后即得到 PANI-MnO_2 粉末。反应流程图如图 3-1 所示。

3.3.2 聚苯胺-二氧化锰水泥基复合材料的制备

试块水灰比为 0.45，PANI-MnO_2 的掺量分别为水泥质量的 0、0.5%、2.5%及 5.0%。制作两批试样，第一批用于聚苯胺-二氧化锰水泥基复合材料 Seebeck 系数的测试，第二批用于聚苯胺-二氧化锰水泥基复合材料电导率的测试。首先将 PANI-MnO_2 加

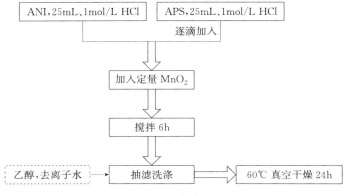

图 3-1 反应流程图

入定量的水中并超声分散 20min，而后再加入水泥，用水泥净浆搅拌机进行搅拌使其均匀，最后将拌合料装入 40mm×40mm×160mm 的试模中，振动成型，养护 1d 后脱模，再放入标准养护室中养护 28d。将养护好的试样两端用水砂纸打磨平整，而后涂抹一层导电银胶，将薄铜块与涂抹导电银胶的试样表面包裹住，并在薄铜块外表面焊接铜线。第二批试样的制备过程与第一批试样的制备过程基本一致，不同之处在于：①振捣密实后需在试样内预埋一对电极；②养护好的试样两端用水砂纸打磨平整后涂抹一层导电银胶，用锡箔纸将铜线与涂抹导电银胶的试样表面包裹住。

3.3.3 聚苯胺-二氧化锰样品表征

（1）扫描电子显微镜（SEM）

聚苯胺-二氧化锰样品的微观形貌表征采用日立 S-3400N 型扫描电子显微镜。二次电子像分辨率：3.0nm（15kV）；背散射电子像分辨率：4.0nm（$WD=10mm$）；加速电压：15kV。

（2）傅立叶红外光谱仪（FTIR）

聚苯胺-二氧化锰样品的分子结构表征采用德国布鲁克公司生产的 Bruker Tensor 27 型傅立叶红外光谱仪。分辨率：$1\sim0.4cm^{-1}$；光谱范围：标准 $8000\sim350cm^{-1}$，中/近红外 $11000\sim350cm^{-1}$，中/远近红外 $6000\sim200cm^{-1}$；信噪比：4000：1（测试条件：DLaTGS 检测器、$4cm^{-1}$ 分辨率、一分钟背景及样品扫描时间、$2100\sim220cm^{-1}$）；波数精度：$0.01cm^{-1}/2000cm^{-1}$；吸收精度：$0.01\%T$。

（3）热重分析仪（TG）

聚苯胺-二氧化锰样品的组成分析采用 TGA1450 型热重分析仪。本试验条件为温度从 50℃升温加热到 800℃。

3.3.4 聚苯胺-二氧化锰粉末热电性能测试

采用 SYD-1 型四探针电导率测试仪对聚苯胺-二氧化锰粉末的电导率进行测试。

采用图 3-2 所示的装置对聚苯胺-二氧化锰粉末的 Seebeck 系数进行测试。首先将制备出的 PANI-MnO_2 粉末装入一定尺寸的耐高温的塑料管内，塑料管的两端用薄铜块进行密封且薄铜块与 PANI-MnO_2 粉末保持接触。然后将试样的一端用数显式电热恒温水浴锅以

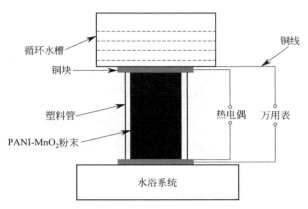

图 3-2　粉末 Seebeck 系数测试装置的原理示意图

$0.1℃/s$ 的速率升温到 $75℃$，另一端用循环冷却水装置使其保持在室温。试样两端的温差通过预埋的一对 K 型热电偶监测，产生的 Seebeck 电压通过 FLUCK B15 型数字万用表监测。为更为精确地测试试样两端的温差，减少热量的散失，在塑料管的周围用绝缘套进行包裹。另外，之所以采用薄铜块进行密封，是因为铜具有很好的导热性，且其厚度较小，在温差两端接触处产生的温差电动势可忽略不计。

3.3.5　聚苯胺-二氧化锰水泥基复合材料热电性能测试

测试方法参照 2.3.4 节。

3.4　结果与讨论

3.4.1　聚苯胺-二氧化锰样品表征结果

（1）聚苯胺-二氧化锰粉末形貌分析

图 3-3 为不同 MnO_2 掺量下 PANI-MnO_2 产物的 SEM 图。其中，（a）～（e）分别为 MnO_2 掺量 4g、6g、8g、10g、15g 时所制备的 PANI-MnO_2 粉末的 SEM 图，（f）为未掺 MnO_2 时制备的纯 PANI 粉末的 SEM 图。从图中可以发现，MnO_2 的掺量对合成出的 PANI-MnO_2 粉末的微观形貌影响不大，均为棒状物和颗粒的混合物。且 MnO_2 在反应前后其颗粒尺寸和特征形貌并未发生改变，仍为尺寸均一的棒状物，直径为 $70\sim80nm$。另外，在棒状物的周围附着了一些颗粒并相互交连在一起，表明 PANI 颗粒已经附着在 MnO_2 纳米棒上，并将纳米 MnO_2 紧紧地包裹起来。

（2）聚苯胺-二氧化锰粉末结构分析

将不同 MnO_2 掺量下制备的 PANI-MnO_2 粉末进行 FTIR 测试表征，结果显示，掺量对 PANI-MnO_2 粉末特征吸收峰的位置基本无影响。因此，对合成出的产物任选其一并进行结构分析。图 3-4 为 PANI、PANI-MnO_2 粉末的 FTIR 图，其中，PANI-MnO_2 粉末是在 MnO_2 掺量为 6g 的情况下制备的。图中 PANI 的吸收峰 $1555cm^{-1}$、$1454cm^{-1}$ 和 $761cm^{-1}$ 分别归属于 PANI 链上醌环 C＝C 伸缩振动、苯环 C＝C 伸缩振动和 1,4 取代苯

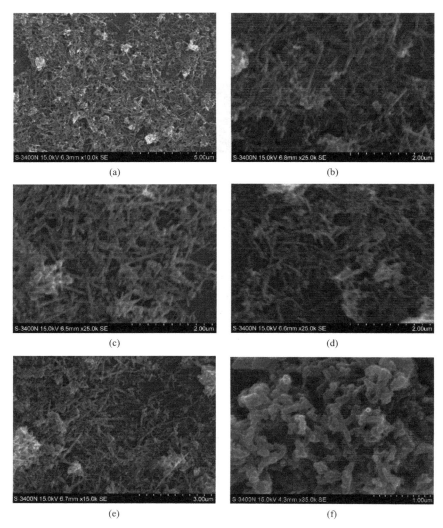

图 3-3 不同 MnO_2 掺量下 PANI-MnO_2 产物的 SEM 图

(a) 4g; (b) 6g; (c) 8g; (d) 10g; (e) 15g; (f) 0g

C—H 面外弯曲振动，$1282cm^{-1}$、$1230cm^{-1}$ 归属于 PANI 链上仲胺 C-H 伸缩振动。与 PANI 的红外光谱图相比，在 PANI-MnO_2 红外光谱图中发现波数为 $587cm^{-1}$ 的 MnO_2 特征吸收峰，该吸收峰是由 M-O 键的弯曲振动而引起的。说明合成的产物为 PANI-MnO_2 复合材料。

（3）聚苯胺-二氧化锰粉末组成分析

图 3-5 为 PANI、MnO_2 和 PANI-MnO_2 粉末的 TG 图，其中，PANI-MnO_2 粉末是在 MnO_2 掺量为 6g 的条件下制备的。由图可推算出所制备的 PANI-MnO_2 复合材料中 PANI 的含量为 22.26%，MnO_2 的含量为 77.74%。具体的推算过程如下：

设所制备的 PANI-MnO_2 复合材料中 PANI 的含量为 X，MnO_2 的含量为 $(1-X)$。则，

$$4.0\% \times X + (1-X) \times 90.7\% = 71.4\%$$

故 $X=22.26\%$，$1-X=77.74\%$。

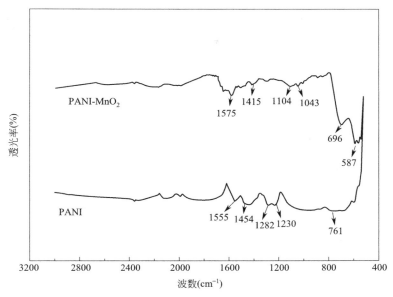

图 3-4 PANI、PANI-MnO$_2$ 粉末的 FTIR 图

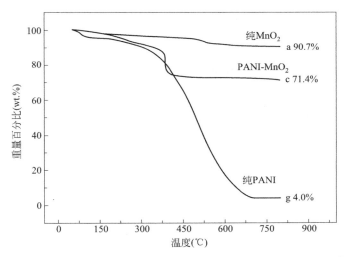

图 3-5 PANI（g）、MnO$_2$（a）、PANI-MnO$_2$（c）粉末（MnO$_2$ 掺量为 6g 时制备）的 TG 图

复合材料中 PANI、MnO$_2$ 含量　　　　　表 3-2

曲线	MnO$_2$ 掺量(g)	复合材料中 PANI 的含量(%)	复合材料中 MnO$_2$ 的含量(%)
b	4	26.54	73.46
c	6	22.26	77.74
d	8	11.60	88.40
e	10	9.99	90.01
f	15	7.28	92.72

图 3-6 为 PANI、MnO$_2$ 和不同 MnO$_2$ 掺量下制备的 PANI-MnO$_2$ 粉末的 TG 图。其

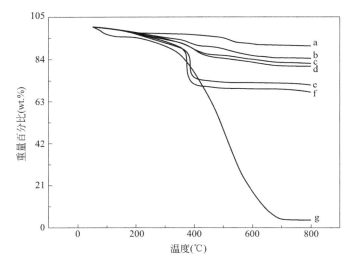

图 3-6　PANI、MnO$_2$、PANI-MnO$_2$ 粉末（不同 MnO$_2$ 掺量下制备）的 TG 图

(a) 纯 MnO$_2$；(b) 4g；(c) 6g；(d) 8g；(e) 10g；(f) 15g；(g) 纯 PANI

中，a 曲线代表纯 MnO$_2$ 的 TG 图，b、c、d、e、f 曲线分别代表 MnO$_2$ 掺量在 4g、6g、8g、10g、15g 条件下制备的 PANI-MnO$_2$ 粉末的 TG 图，g 曲线代表纯 PANI 的 TG 图。按照同样的方法可计算出不同 MnO$_2$ 掺量下所制备的 PANI-MnO$_2$ 复合材料中 PANI 的含量及 MnO$_2$ 的含量。结果见表 3-2。

3.4.2　聚苯胺-二氧化锰粉末热电性能分析

图 3-7 为 PANI-MnO$_2$ 粉末中 MnO$_2$ 含量与 PANI-MnO$_2$ 粉末 Seebeck 系数关系图。从图中可以看出，PANI-MnO$_2$ 复合材料的 Seebeck 系数要比纯 MnO$_2$ 的 Seebeck 系数低一些。当复合材料中 MnO$_2$ 含量为 77.74%，即 MnO$_2$ 掺量为 6g 时，PANI-MnO$_2$ 复合材料的 Seebeck 系数达到最大值，约为 7712μV/℃。当复合材料中 MnO$_2$ 含量超过

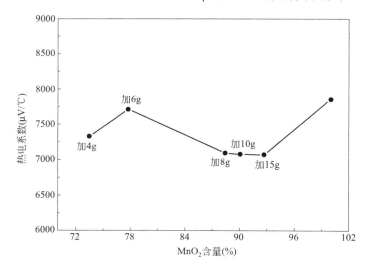

图 3-7　PANI-MnO$_2$ 粉末中 MnO$_2$ 含量与 PANI-MnO$_2$ 粉末 Seebeck 系数关系图

77.74%，即 MnO_2 掺量超过 6g 时，$PANI-MnO_2$ 复合材料的 Seebeck 系数随 MnO_2 掺量的增加逐渐降低，这是因为过多的 MnO_2 参与了 ANI 的氧化还原反应。具体反应方程式如下：

$$MnO_2 + ANI \longrightarrow PANI + Mn^{2+} \tag{3-1}$$

在这个反应过程中，MnO_2 作为氧化剂，ANI 作为还原剂，MnO_2 将 ANI 氧化而其自身被还原为可溶性的 Mn^{2+}，这就大大降低了 $PANI-MnO_2$ 复合材料中 MnO_2 的含量。结果表明，纳米 MnO_2 粉末是 $PANI-MnO_2$ 复合材料拥有高热电效应的主要来源。

图 3-8 为 $PANI-MnO_2$ 粉末中 PANI 含量与 $PANI-MnO_2$ 粉末电导率关系图。从图中可以看出，对比掺加 MnO_2 粉末的 $PANI-MnO_2$ 复合材料，未掺加 MnO_2 粉末的 $PANI-MnO_2$ 复合材料的电导率可以忽略不计，结果表明 PANI 是引起 $PANI-MnO_2$ 复合材料具有高电导率的主要来源。当复合材料中 PANI 含量为 22.26%，即 MnO_2 掺量为 6g 时，$PANI-MnO_2$ 复合材料的电导率达到最大值，约为 1.9S/cm。当复合材料中 PANI 含量少于 22.26%，即 MnO_2 掺量超过 6g 时，$PANI-MnO_2$ 复合材料的电导率随 MnO_2 掺量的增加逐渐降低。究其机理是因为：①MnO_2 为不良的半导体材料，其在 $PANI-MnO_2$ 复合材料中的高残留率导致复合材料中导电的有效组分（聚苯胺）含量减少；②过量的 MnO_2 能将导电的聚苯胺氧化成不导电的聚苯胺。

综上所述，当 MnO_2 掺量为 6g 时，$PANI-MnO_2$ 复合材料的 Seebeck 系数和电导率均达到最大值。此时，Seebeck 系数约为 7712μV/℃，电导率约为 1.9S/cm。

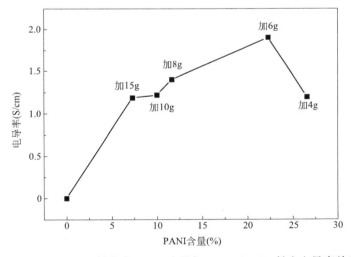

图 3-8　$PANI-MnO_2$ 粉末中 PANI 含量与 $PANI-MnO_2$ 粉末电导率关系图

3.4.3　聚苯胺-二氧化锰水泥基复合材料热电性能分析

在二氧化锰掺量为 6g 条件下可制备出具有高电动势率、低电阻率的纳米聚苯胺-二氧化锰复合材料。将此条件下制备的纳米聚苯胺-二氧化锰粉末作为热电组分掺入水泥浆中，制备聚苯胺-二氧化锰水泥基复合材料。图 3-9 为 $PANI-MnO_2$ 掺量与水泥基复合材料电导率的关系图。

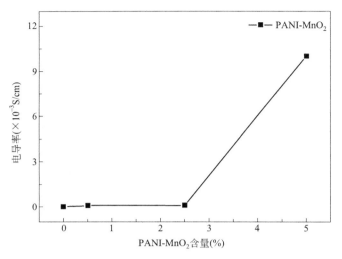

图 3-9　PANI-MnO$_2$ 掺量与水泥基复合材料电导率的关系图

从图 3-9 中可以发现，当 PANI-MnO$_2$ 掺量少于 2.5％时，聚苯胺-二氧化锰水泥基复合材料电导率随掺量的增加变化缓慢，当 PANI-MnO$_2$ 掺量高于 2.5％时，复合材料电导率随掺量的增加变化较大。究其机理是因为：当 PANI-MnO$_2$ 掺量少于 2.5％时，其在水泥基质内随机分布，未能搭接形成导电通路；当 PANI-MnO$_2$ 掺量达到 5.0％时，其在水泥基质内相互搭接形成导电网络结构。

为更为清晰地对比研究 MnO$_2$、PANI-MnO$_2$ 这两种热电组分对水泥基复合材料电导率的影响，我们将第 2 章中的图 2-12（MnO$_2$ 粉末掺量与水泥基复合材料电导率的关系图）与第 3 章中的图 3-9（PANI-MnO$_2$ 掺量与水泥基复合材料电导率的关系图）放在一起，如图 3-10 所示。从图中可以发现，MnO$_2$ 对水泥基复合材料电导率影响不大，而 PANI-MnO$_2$ 对水泥基复合材料电导率影响显著。

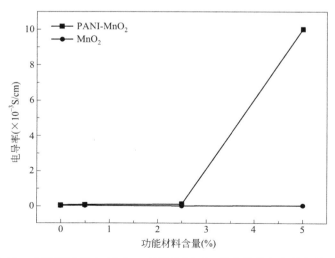

图 3-10　水泥浆试样中 MnO$_2$、PANI-MnO$_2$ 粉末掺量与电导率关系图

表 3-3 为不同 MnO_2、$PANI$-MnO_2 掺量水泥基复合材料电导率。从该表中可以发现，随着 $PANI$-MnO_2 粉末掺量的增加，聚苯胺-二氧化锰水泥基复合材料的电导率逐渐增大。当 $PANI$-MnO_2 粉末掺量为水泥质量的 2.5% 时，聚苯胺-二氧化锰水泥基复合材料电导率约为 0.001S/cm，比同掺量下二氧化锰水泥基复合材料电导率提高了 1 个数量级。当 $PANI$-MnO_2 粉末掺量为水泥质量的 5.0% 时，聚苯胺-二氧化锰水泥基复合材料电导率达到最大值，此时电导率高达 0.01S/cm，比同掺量下二氧化锰水泥基复合材料电导率提高了 3 个数量级。这是因为 $PANI$-MnO_2 粉末中 $PANI$ 赋予了水泥基复合材料较高的导电性能。

不同 MnO_2、$PANI$-MnO_2 掺量水泥基复合材料电导率　　　　　　　表 3-3

水泥基复合材料中 MnO_2、$PANI$-MnO_2 的掺量（%）	MnO_2 水泥基复合材料电导率（S/cm）	$PANI$-MnO_2 水泥基复合材料电导率（S/cm）
0	0.87×10^{-5}	0.87×10^{-5}
0.5	0.2×10^{-4}	0.7×10^{-4}
2.5	0.21×10^{-4}	0.1×10^{-3}
5.0	0.17×10^{-4}	0.1×10^{-1}

图 3-11 为不同 $PANI$-MnO_2 掺量水泥浆的温差电压与温差之间的关系图。从图中可以发现，聚苯胺-二氧化锰水泥基复合材料温差电动势与温差之间大致呈线性关系，直线的斜率即为 Seebeck 系数。且随着热电组分掺量的增加，水泥基复合材料的 Seebeck 系数逐渐增大。

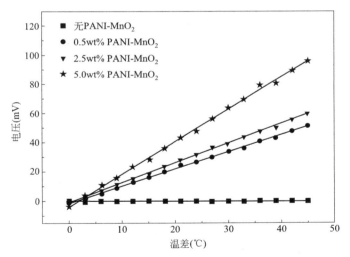

图 3-11　不同 $PANI$-MnO_2 掺量水泥浆的温差电压与温差之间的关系

图 3-12 为 $PANI$-MnO_2 粉末掺量与水泥基复合材料 Seebeck 系数的关系图。从图中可以发现，随着掺量的增加，聚苯胺-二氧化锰水泥基复合材料的 Seebeck 系数越来越大。当纳米 $PANI$-MnO_2 粉末掺量为水泥质量 0.5% 时，水泥基复合材料 Seebeck 系数迅速增大，约为 1168μV/℃；当 $PANI$-MnO_2 粉末掺量为水泥质量 2.5% 时，水泥基复合材料 Seebeck 系数达到 1354μV/℃；当 $PANI$-MnO_2 粉末掺量为水泥质量 5.0% 时，水泥基复

合材料 Seebeck 系数达到最大值 2200μV/℃。

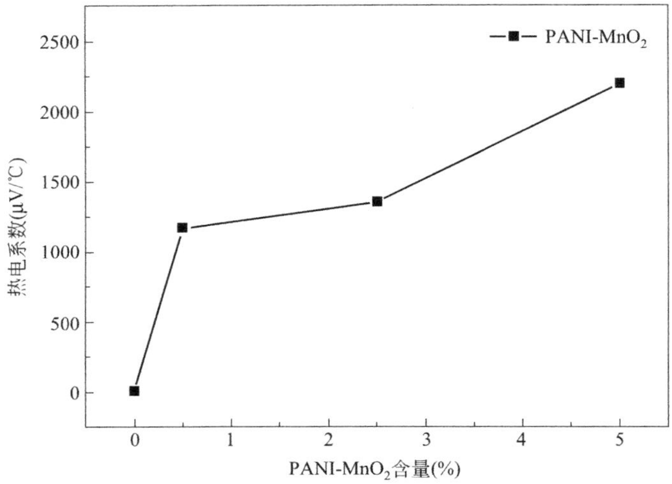

图 3-12 PANI-MnO_2 粉末掺量与水泥基复合材料 Seebeck 系数的关系图

为更为清晰地对比研究 MnO_2、PANI-MnO_2 这两种热电组分对水泥基复合材料 Seebeck 系数的影响，我们将第 2 章中的图 2-10（MnO_2 粉末掺量与水泥基复合材料 Seebeck 系数的关系图）与第 3 章中的图 3-12（PANI-MnO_2 粉末掺量与水泥基复合材料 Seebeck 系数的关系图）放在一起，如图 3-13 所示。从图中可以发现，当掺量为 2.5%、5.0%时，聚苯胺-二氧化锰水泥基复合材料 Seebeck 系数要比二氧化锰水泥基复合材料 Seebeck 系数低一些。当 PANI-MnO_2 粉末掺量为水泥质量的 5.0%时，聚苯胺-二氧化锰水泥基复合材料 Seebeck 系数比同掺量下二氧化锰水泥基复合材料 Seebeck 系数降低了 33%。这是因为 PANI-MnO_2 粉末中 MnO_2 是水泥基复合材料热电效应的主要来源。究其机理是因为：水泥基复合材料中的热电组分进入纳米尺度后引起量子约束效应，提高了载流子在费米面附近的能量梯度，显著地增强了其 Seebeck 效应。

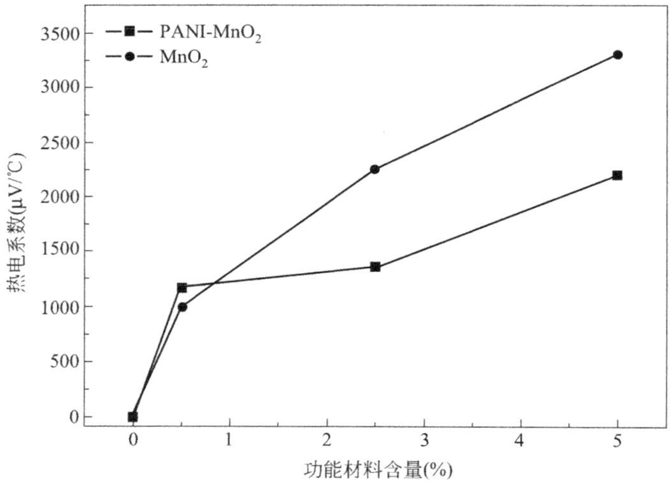

图 3-13 水泥浆试样中 MnO_2、PANI-MnO_2 粉末掺量与 Seebeck 系数的关系图

综上所述，PANI-MnO_2 粉末中 PANI 赋予了水泥基复合材料导电性能，MnO_2 赋予了水泥基复合材料热电性能。通过在二氧化锰表面聚合苯胺，水泥基复合材料的导电性能显著提高，热电系数略有降低，内耗显著降低，热电效率明显提升。

3.5　本章小结

本章首先在不同纳米二氧化锰粉末掺量的条件下，制备了聚苯胺-二氧化锰复合材料，并采用了一系列的表征手段，如扫描电子显微镜、傅立叶红外光谱分析、差热分析等，对合成出来的聚苯胺-二氧化锰复合材料进行表征。然后研究了纳米二氧化锰粉末掺量对聚苯胺-二氧化锰复合材料 Seebeck 效应及电导率的影响，并对其机理进行分析，以期得到具有高电动势率、低电阻率的聚苯胺-二氧化锰粉末。最后将这种高电动势率、低电阻率的聚苯胺-二氧化锰粉末作为热电组分掺入水泥浆中，研究聚苯胺-二氧化锰掺量对水泥基复合材料热电性能的影响，并与二氧化锰掺量对水泥基复合材料热电性能的影响进行对比分析。主要结论如下：

（1）基于硫酸锰和过硫酸铵的氧化还原反应，通过水热合成法制备出 β 型纳米二氧化锰粉末。将合成的纳米二氧化锰粉末作为原材料，通过原位沉积法与苯胺、过硫酸铵反应，可制备出纳米聚苯胺-二氧化锰复合材料。

（2）当纳米二氧化锰掺量为 6g 时，聚苯胺-二氧化锰复合材料的电导率及 Seebeck 系数均达到最大值。当二氧化锰掺量超过 6g 时，聚苯胺-二氧化锰复合材料的电导率及 Seebeck 系数均随二氧化锰掺量的增加而降低。

（3）将二氧化锰掺量为 6g 条件下制备的纳米聚苯胺-二氧化锰粉末作为热电组分掺入水泥浆中，研究聚苯胺-二氧化锰粉末掺量对水泥基复合材料热电性能的影响。结果表明，当聚苯胺-二氧化锰掺量为水泥质量的 5.0% 时，水泥基材料的 Seebeck 系数高达 $2200\mu V/℃$，电导率高达 0.01S/cm，材料的热电效率较二氧化锰水泥基复合材料有显著提升。

（4）二氧化锰和聚苯胺-二氧化锰都能显著提高水泥浆的 Seebeck 系数，同时聚苯胺-二氧化锰能显著提高水泥浆的电导率。说明二氧化锰赋予了水泥基复合材料热电性能，而聚苯胺赋予了水泥基复合材料导电性能。

（5）通过在二氧化锰表面聚合苯胺，水泥基复合材料的导电性能显著提高，热电系数略有降低，在对钢筋进行阴极保护时复合材料的内耗显著降低，热电效率明显提升。

第4章 基于砂浆热电效应的 钢筋阴极防护机理研究

4.1 引言

　　钢筋是海洋工程钢筋混凝土结构中配筋时常用的建筑钢材，然而在严酷的海洋环境下，钢筋混凝土结构会由于氯离子的侵蚀造成钢筋锈蚀从而导致混凝土结构提前失效，给国民经济造成巨大损失。在众多的防腐蚀技术中，阴极保护技术被美国腐蚀工程师协会认为是最行之有效的办法。阴极保护法按照保护电源的种类不同可分为牺牲阳极法和外加电流阴极保护法两种。这两种方法无论从保护机理还是技术层面上讲，对钢筋腐蚀防护都是切实可行的，但也存在一些缺点。牺牲阳极法其阳极材料使用寿命较短，在后期维护过程中需要不断更换阳极材料，这就造成资源浪费及经济损失，且其所提供的保护电流较小、施工难度较大。外加电流阴极保护法的阴极保护系统难以构造且无法为偏远地区的钢筋混凝土结构提供稳定的电源。

　　温差发电系统基于水泥基热电材料热电效应原理，可将热能直接转化为电能。通过将水泥基热电材料串联，能够为钢筋阴极保护提供所需的保护电流，这就解决了上述两种方法所存在的缺陷。因此，本章拟采用自制的温差发电系统作为阴极保护的电源，为钢筋提供阴极保护的电流，并选用掺入 3.5% 氯化钠的混凝土模拟孔隙液作为腐蚀介质，研究温差发电用于钢筋阴极保护的可行性。其中，混凝土模拟孔隙液是为了模拟混凝土内部真实的强碱性环境，掺入 3.5% 的氯化钠是为了模拟氯盐侵蚀环境。具体研究内容如下：①将第 3 章所制备的聚苯胺-二氧化锰水泥浆试块进行串联，组成水泥基热电模块，然后自制温差发电系统作为钢筋阴极保护的电源；②采用半电池电位法、极化曲线法、交流阻抗法等电化学测试方法对掺入 3.5% 氯化钠的混凝土模拟孔隙液内的钢筋腐蚀行为进行研究；③对温差发电系统用于钢筋实施阴极保护的效果进行系统的评价；④探讨阴极保护对钢筋腐蚀电化学行为的影响机理。该研究成果能够实现钢筋混凝土结构阴极保护系统低成本、低能耗，并为温差发电用于海洋工程钢筋混凝土结构阴极保护提供了一定的试验基础。

4.2 温差发电系统设计

4.2.1 水泥基热电模块布置

　　从第 3 章聚苯胺-二氧化锰水泥基复合材料热电性能的研究中，发现，当聚苯胺-二氧化锰掺量为水泥质量的 5.0% 时，水泥基复合材料 Seebeck 系数达到最大值 2200μV/℃，电导率也达到最大值 0.01S/cm。考虑到在工程实际中，水泥基热电模块上下两端的温差一般为 20℃，因此，将 24 个聚苯胺-二氧化锰水泥浆试块（聚苯胺-二氧化锰掺量为水泥质量的 5.0% 条件下制备的）进行串联，构成水泥基热电模块，使当上下温差为 20℃ 时，水泥基热电模块所产生的 Seebeck 电压达到 1 V 左右。

图 4-1 为水泥基热电模块示意图。从图中可以看出，水泥基热电模块是由 24 个聚苯胺-二氧化锰水泥浆试块、铜块、铜线及陶瓷片层构成。其中，相邻的聚苯胺-二氧化锰水泥浆试块通过铜线串联在一起。在水泥浆试块与铜块之间涂抹一层导热硅脂，减少热阻，提高水泥浆试块上下两端面的温度差。另外，为减少在热传递过程中热量的散失，在水泥浆试块的侧面包裹一层保温泡沫材料。

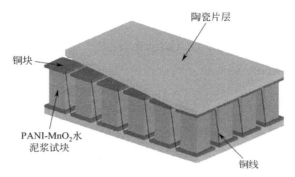

图 4-1　水泥基热电模块示意图

4.2.2　温差发电系统组成

图 4-2 为自制的温差发电系统示意图。温差发电系统由水泥基热电模块、水浴系统、循环水槽及热电偶组成。水泥基热电模块的热端选用 HH·S11-2-S 型数显式电热恒温水浴锅进行加热，以提供热源。冷端选用循环冷却水装置进行散热，通过调整水流量的大小来调节温度，使水泥基热电模块热端和冷端的温差在 20℃ 左右。在水泥基热电模块内预埋一对 K 型热电偶，以监测其热端与冷端之间的温差。

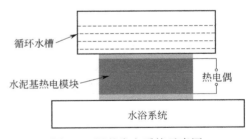

图 4-2　温差发电系统示意图

4.3　阴极保护试验方案

4.3.1　试验原料制备

本试验选用 Q235 光圆钢筋并将其制作成为工作电极进行电化学试验测试，其组分与含量如表 4-1 所示。光圆钢筋的直径为 10mm，长度为 20mm。首先用金相磨抛机对光圆钢筋的表面及侧面进行逐级打磨，并用去离子水和无水乙醇淋洗以去除表面的油污，之后放入盛有无水乙醇的小烧杯中进行超声 20min。超声结束后，用吹风机吹干放入干燥箱中干燥。最后选择光圆钢筋的一个表面（直径为 10mm 的面）作为工作电极的工作面，与铜导线进行焊接,除工作面之外的其余各面均用环氧树脂密封。在进行电化学测试之前,依次用 400 号、800 号、1200 号的砂纸对工作电极的工作面进行逐级打磨,并用去离子水和无水乙醇淋洗,之后再放入干燥箱中干燥,备用。

Q235 光圆钢筋的组分与含量 表 4-1

成分	C	Mn	Si	Cu	S	P	Fe
含量(%)	0.17	0.46	0.26	0.019	0.017	0.0047	其他

本试验选用掺入 3.5% 氯化钠溶液的混凝土模拟孔隙液作为腐蚀介质。其中,混凝土模拟孔隙液是模拟混凝土内部真实的强碱性环境,掺入 3.5% 的氯化钠是模拟氯盐侵蚀环境。混凝土模拟孔隙液为 0.6mol/L KOH+0.2mol/L NaOH+0.01mol/L Ca (OH)$_2$ 溶液,其 pH 值用去离子水调整至 12.50。混凝土模拟孔隙液简称模拟液,以 SPS (Simulated Concrete Pore Solution)来表示。

4.3.2 阴极保护系统建立

为了更好地研究钢筋在腐蚀介质环境中阴极保护的效果,制作两组钢筋试样,编号分别为 SPS-RS1、SPS-RS2。这两组钢筋试样的腐蚀介质环境及保护情况如表 4-2 所示。研究不同龄期(0d、7d、14d、21d)下阴极保护对钢筋的腐蚀防护情况,并以未进行阴极保护的钢筋作为对比,探究温差发电系统用于钢筋阴极保护的可行性。

钢筋腐蚀介质环境与保护情况 表 4-2

编号	腐蚀介质环境	保护情况
SPS-RS1	SPS+3.5%NaCl(wt.)	否
SPS-RS2	SPS+3.5%NaCl(wt.)	是

采用温差发电系统作为外加电源对 SPS-RS2 钢筋试样进行阴极保护,如图 4-3 所示。试验中,钢筋连接水泥基热电模块的负极,钛网作为辅助阳极连接水泥基热电模块的正极,同时保证钛网不得与钢筋接触。

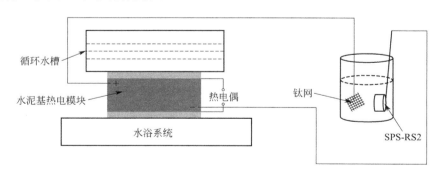

图 4-3　钢筋阴极保护系统示意图

4.3.3 性能测试

采用上海辰华仪器有限公司生产的 CHI760E 型电化学工作站对钢筋试样进行电化学

测试。SPS-RS1 钢筋试样、SPS-RS2 钢筋试样分别采用图 4-4、图 4-5 所示的电化学测试系统。其中，Q235 光圆钢筋为工作电极，含有鲁金毛细管盐桥的饱和甘汞电极（SCE）为参比电极，铂电极（15mm×15mm）为对电极。电解质溶液为掺 3.5％氯化钠的混凝土模拟液。

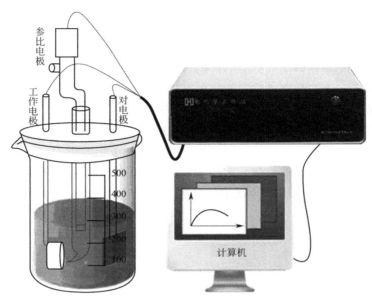

图 4-4　SPS-RS1 钢筋试样电化学测试

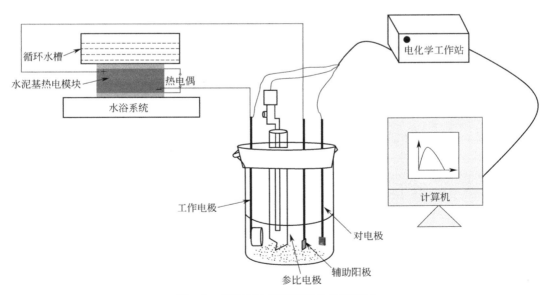

图 4-5　SPS-RS2 钢筋试样电化学测试

（1）半电池电位法

采用半电池电位法对钢筋的开路电位进行测试。在整个试验阶段，对未进行阴极保护的 SPS-RS1 钢筋试样测试其自腐蚀电位，对进行阴极保护的 SPS-RS2 钢筋试样测试其停止阴极保护瞬间的"初始"电位值和停止阴极保护后稳定的电位值即去极化后稳定的电位值,并计算去极化电位的衰减值(去极化后稳定的电位值减去停止阴极保护瞬间的"初始"电位值)。

(2)电化学阻抗法

当测定的开路电位在 300s 内变化低于 2mV 时,即认为整个电化学测试体系处于稳定状态,这时便可以进行电化学阻抗谱测试。电化学阻抗谱测试的激励信号为正弦波,振幅为 10mV,初始电位为开路电位,扫描范围为 $1.0 \times 10^{-2} \sim 1.0 \times 10^{5} \mathrm{Hz}$。通过电化学阻抗谱测试,可以获得奈奎斯特图(Nyquist 图)和波特图(Bode 图)。采用 ZSimp Win 软件对电化学阻抗谱数据进行拟合处理,并对所选用的等效电路中各元件的参数进行分析。

(3)极化曲线法

电化学阻抗谱测试完毕之后进行极化曲线测试。极化曲线法包括线性极化曲线法和塔菲尔极化曲线法。其中,线性极化曲线法测定钢筋线性极化电阻 R_{p},塔菲尔极化曲线法测定钢筋的腐蚀电流 I_{corr}。线性极化曲线法电位扫描范围为开路电路值加减 10mV,扫描速率为 0.5mV/s。塔菲尔极化曲线法电位扫描范围为开路电路值加减 250mV,扫描速率为 0.5mV/s。

4.4 试验结果与分析

4.4.1 混凝土模拟液中钢筋腐蚀电位

图 4-6 为各钢筋试样的腐蚀电位随时间变化关系图。

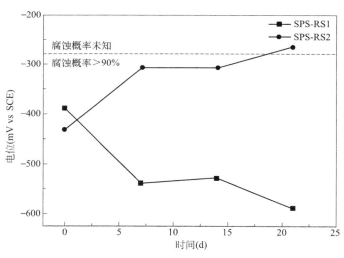

图 4-6 各钢筋试样的腐蚀电位随时间变化关系图

从图 4-6 可看出,在氯离子含量为 3.5% 的混凝土模拟孔隙溶液中,对未进行阴极保护的 SPS-RS1 钢筋试样自腐蚀电位与进行阴极保护的 SPS-RS2 钢筋试样去极化后稳定电位值做比较。从图中可以发现,SPS-RS1 钢筋试样与未施加阴极保护前 SPS-RS2 钢筋试样的初始电位值相近。随着时间的延长,未进行阴极保护的 SPS-RS1 钢筋试样电位值逐渐负移，稳定值约为 −550mV，进行阴极保护的 SPS-RS2 钢筋试样电位值逐渐正移，当龄期为 21d 时，SPS-RS2 钢筋试样电位值达到 −275mV。参照美国《混凝土中未涂层钢筋腐蚀电位的标准试验方法》ASTM C876—2009 关于根据腐蚀电位判断钢筋锈蚀情况准则：当钢筋的腐蚀电位（相对于 SCE）在 −275～−125mV 之间，此时钢筋的腐蚀概率未知；当钢筋的腐蚀电位（相对于 SCE）低于 −275mV，此时钢筋的腐蚀概率大于 90%。由此说明，未进行阴极保护的 SPS-RS1 钢筋试样较进行阴极保护的 SPS-RS2 钢筋试样腐蚀程度更为严重。

图 4-7 为龄期 21d 时阴极保护前后 SPS-RS2 钢筋腐蚀电位变化示意图。对进行阴极保护的 SPS-RS2 钢筋试样测试其停止阴极保护瞬间的"初始"电位值和去极化后稳定的电位值，以计算去极化电位的衰减值。从图中可以看出，停止阴极保护瞬间的"初始"电位值约为 −800mV。参照"当保护电位（相比于 SCE）低于 −770mV 时，认为阴极保护有效"的准则，可认为自制的温差发电系统作为外加电源能够对钢筋进行阴极保护且保护效果较好。停止阴极保护后约 20min 左右电位达到稳定值，约为 −300mV，此时去极化后电位的衰减值达到 500mV。按同样的测试手段计算可得，当龄期为 7d 时，SPS-RS2 钢筋试样停止阴极保护瞬间的"初始"电位值约为 −820mV，去极化后电位的衰减值在 520mV 左右；当龄期为 14d 时，SPS-RS2 钢筋试样停止阴极保护瞬间的"初始"电位值约为 −795mV，去极化后电位的衰减值在 512mV 左右。根据美国腐蚀工程师协会制定的《大气中钢筋混凝土结构外加电流阴极保护推荐性规程》中规定的保护准则，停止阴极保护后 4h 的电位衰减值不得少于 100mV。由此表明，温差发电系统作为外加电源所提供的电流能够引起钢筋电位产生较大的负移，使钢筋得到有效的保护。

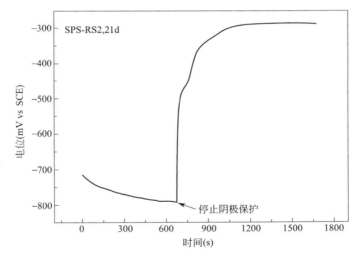

图 4-7 龄期 21d 时阴极保护前后 SPS-RS2 钢筋腐蚀电位变化示意图

4.4.2 混凝土模拟液中钢筋极化电阻

采用线性极化曲线法对各钢筋试样在不同龄期下的极化电阻进行测试，结果如图 4-8 所示。从图中可以看出，SPS-RS1 钢筋试样初始极化电阻值与进行阴极保护前的 SPS-RS2 钢筋试样初始极化电阻值相近。随着时间的延长，未进行阴极保护的 SPS-RS1 钢筋试样极化电阻值逐渐减小，进行阴极保护的 SPS-RS2 钢筋试样极化电阻值逐渐增大，且远大于未进行阴极保护的 SPS-RS1 钢筋试样极化电阻值。而极化电阻值越小，腐蚀速率越大。因此，该结果表明温差发电系统产生的电流能够对钢筋起到很好的保护效果。

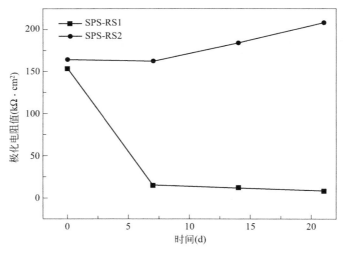

图 4-8   各钢筋试样极化电阻与时间的关系图

4.4.3   混凝土模拟液中钢筋腐蚀电流

采用塔菲尔极化曲线法对各钢筋试样 21d 龄期时的腐蚀电流密度进行测试，结果如图 4-9 所示。

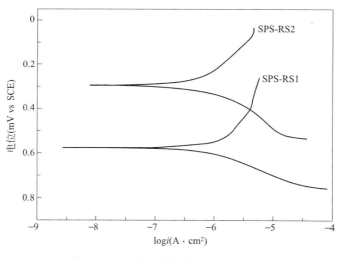

图 4-9   各钢筋试样的塔菲尔极化曲线

通过 CView 商用软件对图 4-9 测试结果进行数据拟合并处理，发现，未进行阴极保护的 SPS-RS1 钢筋试样腐蚀电流密度约为 $1.43\mu A/cm^2$，而进行阴极保护的 SPS-RS2 钢筋试样腐蚀电流密度远低于未进行阴极保护的 SPS-RS1 钢筋试样腐蚀电流密度，达到 $0.64\mu A/cm^2$。根据混凝土中钢筋现场腐蚀速率线性极化测试法中钢筋腐蚀速率划分的规定：当腐蚀电流密度大于 $1\mu A/cm^2$ 时，钢筋腐蚀速率很大；当腐蚀电流密度大于 $0.5\mu A/cm^2$ 且小于 $1\mu A/cm^2$ 时，钢筋腐蚀速率中等；当腐蚀电流密度大于 $0.1\mu A/cm^2$ 且小于 $0.5\mu A/cm^2$ 时，钢筋腐蚀速率低。因此，该测试结果表明，未进行阴极保护的 SPS-RS1 钢筋试样腐蚀速率很大，而进行阴极保护的 SPS-RS2 钢筋试样腐蚀速率中等，故采用自制的温差发电系统对钢筋进行阴极保护能够达到预期效果。

4.4.4　混凝土模拟液中钢筋电化学阻抗行为

图 4-10、图 4-11 分别为各钢筋试样不同龄期时的 Nyquist 图和 Bode 图。采用 ZSimp Win 商用软件对 Nyquist 图数据、Bode 图数据与等效电路进行拟合，以得到钢筋试样等效电路各元件的参数。从 Nyquist 图中可以看出，各钢筋试样在高频区容抗弧出现"压扁"状态，这说明腐蚀反应过程由电荷转移电阻控制，这种现象称为弥散效应。弥散效应的产生是因为工作电极表面具有一定的粗糙度引起双电层电场不均匀。从 Bode 图中可以看出，当龄期为 0d 时，只有一个反应弧出现，当龄期为 7d、14d、21d 时，有两个反应弧出现。

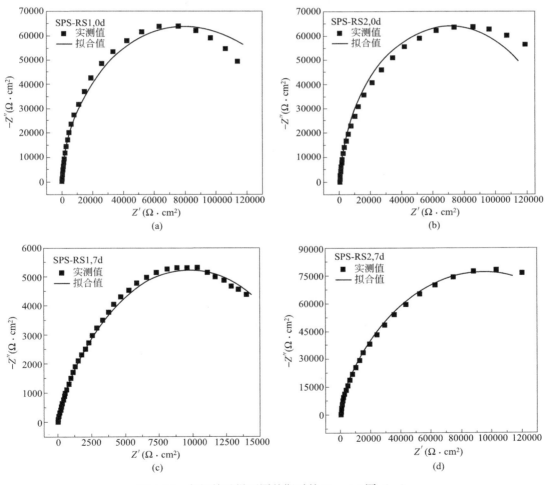

图 4-10　各钢筋试样不同龄期时的 Nyquist 图（一）

（a）未保护 0d；（b）保护的 0d；（c）未保护 7d；（d）保护的 7d；

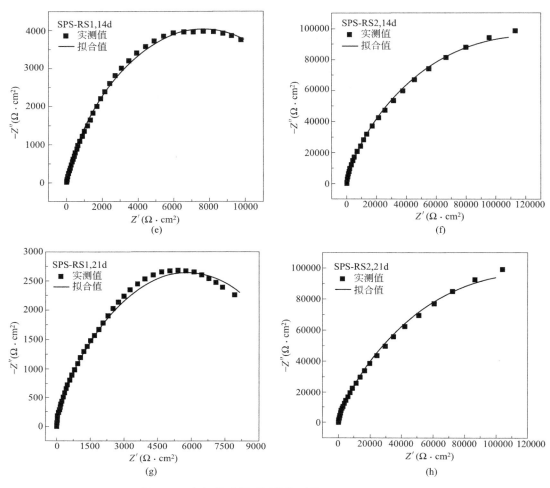

图 4-10　各钢筋试样不同龄期时的 Nyquist 图（二）

（e）未保护 14d；（f）保护的 14d；（g）未保护 21d；（h）保护的 21d

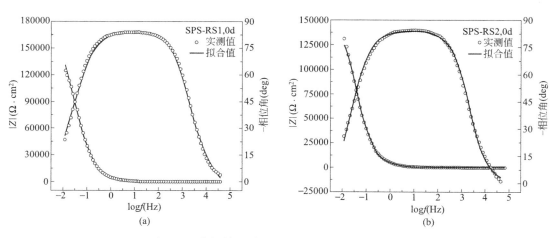

图 4-11　各钢筋试样不同龄期时的 Bode 图（一）

（a）未保护 0d；（b）保护的 0d；

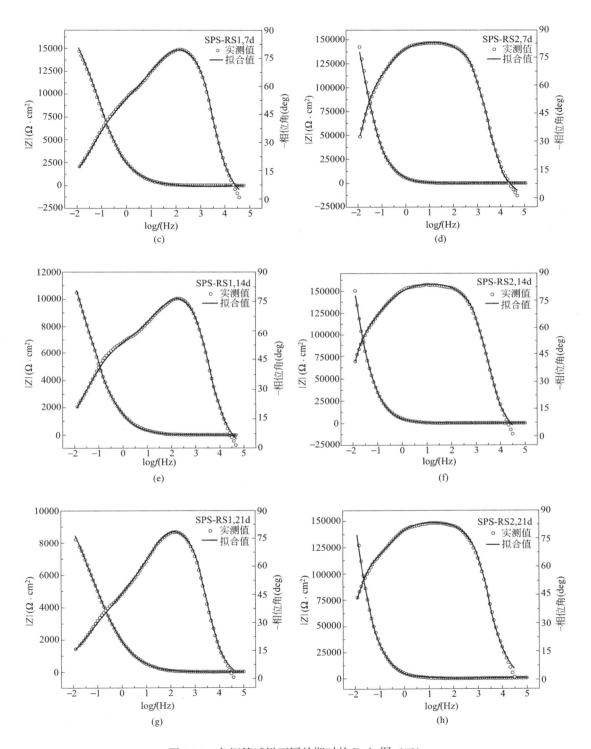

图 4-11 各钢筋试样不同龄期时的 Bode 图（二）

（c）未保护 7d；（d）保护的 7d；（e）未保护 14d；

（f）保护的 14d；（g）未保护 21d；（h）保护的 21d

因此,结合 Nyquist 图、Bode 图及反应体系的特点,选用图 4-12 所示的等效电路对龄期为 0d 时钢筋试样的 Nyquist 图和 Bode 图中的电化学阻抗谱数据进行拟合,选用图 4-13 所示的等效电路对龄期为 7d、14d 和 21d 时钢筋试样的 Nyquist 图和 Bode 图中的电化学阻抗谱数据进行拟合。拟合结果如表 4-3 所示。其中,R_s 代表掺氯离子混凝土模拟液中的溶液电阻,R_f 代表钢筋表面的膜电阻,R_{ct} 代表腐蚀反应过程中电荷转移电阻。CPE_1 代表常相位角元件,由膜电容 C_f 和弥散系数 n_1 组成。CPE_2 代表常相位角元件,由双电层电容 C_{dl} 和弥散系数 n_2 组成。腐蚀过程中电荷转移电阻 R_{ct} 的大小反映腐蚀程度,R_{ct} 越小,腐蚀越为严重。

从表 4-3 中可以看出,当龄期为 7d 时,未进行阴极保护的 SPS-RS1 钢筋试样电荷转移电阻迅速降低,表明此时腐蚀已相当严重,且随着龄期的增长电荷转移电阻逐渐减小,而进行阴极保护的 SPS-RS2 钢筋试样电荷转移电阻迅速增大,表明此时腐蚀已得到抑制,且随着龄期的增长电荷转移电阻持续增大。因此,采用自制的温差发电系统产生的电流能够对钢筋起到很好的保护效果。

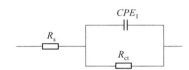

图 4-12　龄期为 0d 时掺氯离子混凝土模拟液中钢筋等效电路图

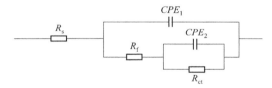

图 4-13　龄期为 7d、14d、21d 时掺氯离子混凝土模拟液中钢筋等效电路图

钢筋试样等效电路各元件的参数　　　　　表 4-3

编号	保护时间 (d)	R_s ($\Omega \cdot cm^2$)	C_f ($\mu F \cdot cm^{-2}$)	n_1	R_f ($\Omega \cdot cm^2$)	C_{dl} ($\mu F \cdot cm^{-2}$)	n_2	R_{ct} ($k\Omega \cdot cm^2$)
SPS-RS1	0	2.830	35.90	0.936				154.3
	7	2.856	25.35	0.963	635.5	103.9	0.562	19.89
	14	1.899	43.40	0.937	333.7	175.7	0.571	15.44
	21	2.997	27.60	0.960	516.1	175.1	0.509	11.4
SPS-RS2	0	3.667	35.96	0.938				141.6
	7	3.417	33.54	0.933	78380	31.98	0.878	105400
	14	2.810	34.25	0.941	61590	25.02	0.791	177100
	21	2.845	35.35	0.938	51370	25.87	0.768	197900

4.5　本章小结

本章首先将聚苯胺-二氧化锰水泥浆试块进行串联,组成水泥基热电模块,然后自制

温差发电系统作为钢筋阴极保护的电源,对掺 3.5%氯化钠混凝土模拟孔隙液中的钢筋试样进行阴极保护,并与未进行阴极保护的钢筋试样进行对比。通过采用半电池电位法、极化曲线法、交流阻抗法等电化学测试方法对阴极保护效果进行研究。结论如下:

(1) 采用半电池电位法对不同龄期的各钢筋试样腐蚀电位进行测试,发现,随着时间的延长,未进行阴极保护的钢筋试样电位值逐渐负移,稳定值约为-550mV,进行阴极保护的 SPS-RS2 钢筋试样电位值逐渐正移,当龄期为 21d 时,其电位值达到-275mV。说明自制的温差发电系统能够抑制或延缓钢筋的腐蚀。

(2) 对钢筋试样进行阴极保护,发现保护电位均低于-770mV,且去极化后电位衰减值均大于 100mV,表明温差发电系统作为外加电源所提供的电流能够引起钢筋电位产生较大的负移,使钢筋得到有效的保护。

(3) 采用线性极化曲线法对不同龄期的各钢筋试样极化电阻进行测试,发现,随着时间的延长,未进行阴极保护的钢筋试样极化电阻值逐渐减小,而进行阴极保护的钢筋试样极化电阻值逐渐增大,且远大于未进行阴极保护的钢筋试样极化电阻值。极化电阻值越小,腐蚀速率越大。因此,结果表明自制的温差发电系统能够降低钢筋的腐蚀速率。

(4) 采用塔菲尔极化曲线法对各钢筋试样腐蚀电流密度进行测试,发现,未进行阴极保护的钢筋试样腐蚀速率很大,而进行阴极保护的钢筋试样腐蚀速率中等。测试结果表明,采用自制的温差发电系统对钢筋进行阴极保护能够达到预期的保护效果。

(5) 采用交流阻抗法对各钢筋试样不同龄期时的电化学阻抗行为进行测试,并通过ZSimp Win 商用软件对电化学阻抗谱数据与等效电路进行拟合,以得到钢筋试样等效电路各元件的参数。其中电荷转移电阻参数的大小反映腐蚀程度,电荷转移电阻越小,腐蚀越为严重。测试结果显示,未进行阴极保护的钢筋试样电荷转移电阻远低于进行阴极保护的钢筋试样电荷转移电阻,说明阴极保护能够抑制钢筋腐蚀。

第 5 章　结论与展望

5.1　结论

  本篇以水泥基热电材料热电效应为基础，自制温差发电系统对处于掺 3.5% 氯化钠溶液的混凝土模拟液内的钢筋实施阴极保护。首先，从制备具有高电动势率的水泥基热电复合材料出发，提出向水泥内添加纳米二氧化锰，制备二氧化锰水泥基复合材料，以赋予水泥基复合材料热电优势。基于硫酸锰和过硫酸铵的氧化还原反应，采用简单的水热合成法，通过改变反应时间及原料摩尔比制备纯相纳米二氧化锰粉末。然后将纳米二氧化锰粉末作为热电组分掺入水泥浆内，研究二氧化锰掺量对水泥基复合材料热电性能的影响并对其作用机理进行分析。其次，从赋予水泥基复合材料热电及导电优势出发，提出将纳米二氧化锰与导电聚苯胺聚合，制备聚苯胺-二氧化锰水泥基复合材料。通过试验研究二氧化锰掺量对聚苯胺-二氧化锰复合材料热电效应及电导率影响，以制备具有高电动势率、低电阻率的聚苯胺-二氧化锰复合材料，然后将这种复合材料作为热电组分掺入水泥浆内，研究掺量对聚苯胺-二氧化锰水泥基复合材料热电性能的影响。随后考虑到基于水泥基热电材料热电效应原理用于钢筋阴极保护的可行性，将具有高电动势率、低电阻率的聚苯胺-二氧化锰水泥浆试块进行串联，构成水泥基热电模块，然后以水泥基热电模块为基础自制温差发电系统，对处于掺 3.5% 氯化钠溶液的混凝土模拟液内的钢筋实施阴极保护，并采用半电池电位法、交流阻抗法、极化曲线法等电化学方法对阴极保护效果进行评价。结论如下：

  (1) 基于硫酸锰和过硫酸铵的氧化还原反应，采用简单的水热合成法，通过改变反应物摩尔比和反应时间，可制备出不同晶型及颗粒尺寸的二氧化锰粉末。随着反应物摩尔比的增大，反应产物的晶相结构和微观形貌表现出 β-MnO_2 纳米棒转化为 α-MnO_2 纳米线，其间还有少量 γ-MnO_2 纳米线生成的转变趋势。随着反应时间的延长，反应产物的晶相结构和微观形貌表现出 γ-MnO_2 纳米棒转化为 β-MnO_2 纳米棒，其间还有少量 α-MnO_2 纳米棒生成的转变趋势。当反应温度为 120℃、$MnSO_4$：$(NH_4)_2S_2O_8$=1：1、反应时间为 48h 时，可制备出直径为 70～80nm 的纯相纳米 β-MnO_2 粉末。

  (2) 将纳米 β-MnO_2 粉末作为热电组分掺入水泥浆中，发现二氧化锰水泥基复合材料产生的热电电压与温差之间大致呈线性关系，直线的斜率即为 Seebeck 系数。且随着纳米二氧化锰掺量的增加，水泥基复合材料的 Seebeck 系数逐渐增大。当纳米二氧化锰掺量为水泥质量的 5.0% 时，水泥基复合材料 Seebeck 系数达到最大值 3300μV/℃，远高于碳纤维增强水泥基材料的 Seebeck 系数。这主要是因为材料进入纳米尺度后会引起量子约束效应，提高载流子在费米面附近的能量梯度，从而增大 Seebeck 系数。但二氧化锰这种半导体材料作为热电组分掺入水泥浆中并不能显著提高水泥基复合材料的导电性能。

（3）将合成的纳米二氧化锰粉末作为原材料，通过原位沉积法与苯胺、过硫酸铵反应，可制备出纳米聚苯胺-二氧化锰复合材料。当二氧化锰掺量为 6g 时，纳米聚苯胺-二氧化锰复合材料的电导率及 Seebeck 系数均达到最大值。将此条件下制备的纳米聚苯胺-二氧化锰复合材料作为热电组分掺入水泥浆中，研究掺量对水泥基复合材料热电效应及电导率的影响。结果表明，当聚苯胺-二氧化锰掺量为水泥质量的 5.0% 时，水泥基材料的 Seebeck 系数达到最大值 2200μV/℃，电导率也达到最大值 0.01S/cm，材料的热电效率较二氧化锰水泥基复合材料有显著提升。

（4）将聚苯胺-二氧化锰水泥浆试块进行串联，构成水泥基热电模块，然后以此为基础自制温差发电系统作为钢筋阴极保护的电源，对掺 3.5% 氯化钠混凝土模拟液中的钢筋试样进行阴极保护，并与未进行阴极保护的钢筋试样进行对比。通过腐蚀电位、去极化值、极化电阻、腐蚀电流、电荷转移电阻等电化学参数反映阴极保护的效果。结果表明，未进行阴极保护的钢筋试样腐蚀速率很大，而进行阴极保护的钢筋试样腐蚀速率中等，且未进行阴极保护的钢筋试样电荷转移电阻远低于进行阴极保护的钢筋试样电荷转移电阻，说明温差发电系统能够应用于钢筋阴极保护且保护效果较好。

5.2 本篇创新点

（1）在纳米二氧化锰表面聚合苯胺，制备聚苯胺-二氧化锰复合材料。通过系统研究二氧化锰掺量对聚苯胺-二氧化锰复合材料热电性能及电导率的影响，提出最优科学配伍方案。突破现有的理论与方法，在水泥浆中引入聚苯胺-二氧化锰复合材料，并将其作为新的热电组分掺入水泥浆中，开发出具有高电动势率、低电阻率的水泥基热电复合材料。

（2）探索采用温差发电技术对掺 3.5% 氯化钠的混凝土模拟液中的钢筋试样进行阴极保护，并采用腐蚀电位、去极化值、腐蚀电流、极化电阻、电荷转移电阻等电化学参数对阴极保护效果进行评价，为温差发电用于海洋工程混凝土结构钢筋阴极保护提供试验参考。

5.3 进一步的工作方向

在恶劣的海洋环境下，由于钢筋腐蚀引起混凝土结构耐久性不足及服役寿命下降，给国民经济造成巨大的经济损失。如何提高海工混凝土耐久性是当今学者研究的焦点之一。本篇创新性地利用水泥基热电材料热电效应对处于混凝土模拟液中的钢筋实施阴极保护，在阴极保护系统搭建、钢筋腐蚀程度监测及阴极保护机理研究等方面取得了一定的试验成果，但也存在一些问题，需做进一步的研究：

（1）聚苯胺-二氧化锰水泥浆试块养护完之后便立即进行热电效应及电导率的测试，应继续研究养护完之后不同龄期下水泥浆试块的热电效应及电导率，探究所制备的聚苯胺-二氧化锰水泥基复合材料热电效应及电导率是否具有稳定性。

（2）本篇是将一种 N 型半导体材料掺入水泥浆内，研究其对水泥基复合材料热电效应及电导率的影响，应进一步研究 P 型半导体材料对水泥基复合材料热电性能及电导率的影响，并将这两种水泥基复合材料连接构成 PN 结，研究其热电效应及电导率的大小。

（3）本篇仅研究了热电组分掺量对水泥基复合材料热电性能的影响，并未对力学性能进行测试。需进一步优化设计方案，以制备出力学性能优异、具有高电动势率和低电阻率的水泥基热电复合材料。

（4）本篇仅对掺 3.5% 氯化钠的混凝土模拟液内的钢筋进行阴极保护，并研究阴极保护的效果，并未对混凝土内的钢筋进行阴极保护。需进一步调整试验方案，将制备的水泥基热电模块铺覆在钢筋混凝土表面，建立热电模块阴极保护系统与钢筋混凝土结构一体化方法，阐明一体化结构腐蚀免疫机理。

第二篇

纳米改性热电砂浆及其对海工结构阴极保护与劣化自监测性能

第6章 绪　　论

6.1　研究背景

　　随着全球人口的迅速增长以及经济全球化的推动，各国的基础设施建设体量逐年增加，对建筑耗材提出了巨大需求。钢筋混凝土由于其优异的结构性、耐久性以及较低的成本成为建设过程的主要结构材料。然而，海洋恶劣的服役环境，会使得有害介质（如氯盐）更快、更深入地渗透到混凝土中，从而加速钢筋锈蚀过程，引起钢筋混凝土结构的过早失效。大量研究证明，钢筋锈蚀是造成混凝土结构耐久性下降及性能劣化的主要原因。混凝土结构性能的过早退化会给社会带来沉重的经济负担。我国于 2015 年开展了"腐蚀状况及控制战略研究"，通过尤利格法调查发现，2014 年中国的腐蚀成本约为 2.13 万亿人民币，占当年 GDP 的 3.34%，相当于每位中国公民承担 1555 元的腐蚀成本。除此之外，钢筋锈蚀会引起钢筋混凝土结构性能的提早劣化。以混凝土为主的工程结构在服役过程中本身是一个熵增过程，可用性会随着时间延长而逐渐降低，严酷的自然环境会急剧加快这一劣化过程。我国大量针对工程结构破坏情况的调查表明，海洋环境下处于浪溅区的上层结构一般使用 10 年左右就会因钢筋锈胀而开裂。

　　基于以上背景，针对钢筋混凝土结构的腐蚀防护提出了多种措施，例如电化学保护、耐久性混凝土、混凝土表面涂层、钢筋阻锈剂、钢筋涂层等方式。其中，电化学保护中的阴极防护被普遍认为是在海工混凝土结构中钢筋锈蚀防护的有效措施。阴极保护包括牺牲阳极的阴极保护法和外加电流的阴极保护法。两者的保护原理都是对钢筋施加一定密度的阴极电流，减弱阴极极化从而降低钢筋的阳极反应。前者是通过设置比铁更活泼的金属（如锌、镁、铝合金等）作为替代阳极进行消耗，为钢筋提供自由电子，存在保护电流小且难以调节、阳极材料需定时更换等缺点；后者则是用直流电源直接给金属通以阴极电流，但是需专人进行维护，并且存在发生氢脆的隐患。另外，两种方法均存在防护构造复杂的缺陷。因此，简化阴极防护构造的研发将具有重大的工程意义。

　　针对混凝土结构的腐蚀劣化，除了施加防护手段以外，结构性能的过程监测也显得尤为重要，如果能在结构性能劣化的早期及时捕捉到信息，便可在结构发生损坏前进行维护，减小损失，结构健康监测技术（SHM）也因此在重大工程领域中得到广泛应用。SHM 通过各种传感器测量反映结构实时状态的应力、位移、应变等数据，对结构的使用状态进行动态持续监测和评估。SHM 中局部损伤监测和结构健康预警的传感信号过去是通过光纤光栅、形状记忆合金和电阻应变计等各类附着或嵌入式传感器获取，这些传感器往往存在寿命短、抗干扰能力差、与混凝土相容性差等问题。近几年，开发混凝土结构本征传感器成为 SHM 新的风向标。

　　随着纳米化制备工艺的提升，纳米材料以其突出的小尺寸效应、量子效应和界面效应进入人们的视野。当功能材料的尺寸进入微米或者纳米层级时，由于材料接近光波波长的尺度以及大表面的物理特征，其电子与晶体结构产生明显变化，从而衍生出宏观尺度材料所不具有的独特物化性能。相比较宏观功能材料，纳米化后的填料对基体的功能改性效果更为显著。通过将各类纳米功能材料经合适的分散工艺掺入水泥基体，为开发具有各种目标功能性的水泥基功能/智能复合材料提供了新途径。

MnO_2 是一种晶型多态、结构灵活的过渡金属氧化物，由于制备过程中存在大量晶体缺陷，导致 MnO_2 富含活跃的载流子，表现出优异的 Seebeck 潜能，块状或薄膜状 MnO_2 的 Seebeck 系数约为 $300\mu V/℃$。由于 Seebeck 性能对材料费米面的变化较为敏感，而纳米化的工艺会使 MnO_2 的量子限制态接近费米能级，从而提高费米能级附近的载流子密度，进一步增强 Seebeck 性能，因此，$nMnO_2$ 具有更为显著的 Seebeck 性能。Song 等报道了 $nMnO_2$ 粉末的 Seebeck 系数可以高达 $20000\mu V/℃$ 以上，能够用于高 Seebeck 性能的水泥基热电功能复合材料的制备。作为具有一维纳米结构的材料，碳纳米管（CNTs）已经被大量研究证实近乎完美的力学增韧、导电、场致发射性能，相比较普通的碳质材料，直径仅有 $0.4\sim2nm$ 的 CNTs 拥有得天独厚的功能性增强机制，尤其是对基体智能机敏性能的增强，可用于开发一种具备力-电传感能力的水泥基智能复合材料。

综上所述，本篇尝试将 CNTs 与 $nMnO_2$ 复合引入水泥基体中，发挥 CNTs 的导电、应力感知性能及 $nMnO_2$ 显著的 Seebeck 性能，使水泥基体获得基于 Seebeck 效应的阴极防护性能，简化阴极防护构造的同时兼具结构原位传感性能，实现结构本征劣化监测的数字化智能特性，开发一种具有海工结构阴极防护与劣化自监测性能的纳米改性热电砂浆。

6.2　海工结构钢筋腐蚀研究概况

6.2.1　海工结构钢筋腐蚀机理

钢筋混凝土结构结合了钢筋与混凝土两种材料的性能优势，钢筋提供了强度上的延展性，而混凝土除了基本的结构性能外，还能为钢筋提供防腐保护，压实、固化后的混凝土能够避免钢筋直接接触腐蚀介质。此外，大多数混凝土孔隙液的 pH 值在 $12\sim14$ 区间，水化产物中的 $Ca(OH)_2$ 及其他碱性物质帮助维持较高的 pH 值，高碱性的环境能使钢筋表面主动形成稳定贴附的氧化物膜（钝化膜），对钢筋起到保护作用。然而，由于混凝土结构普遍是带缺陷的服役状态，随着时间推移，结构性能会发生熵增的过程，在这期间环境中的水性腐蚀介质（如 CO_2、氯化物等）极易通过毛细渗透作用进入混凝土内部，引起 pH 值的下降，而钢筋钝化膜在 pH 值低于 11.5 时开始失稳，低于 9.0 时就会被破坏，从而失去对钢筋的保护效果。其中，钢筋钝化膜的破坏机制以碳化和 Cl 离子侵蚀为主。

大气中的 CO_2 会通过毛细气孔网络和微裂缝渗透到混凝土内部，在这过程中，CO_2 首先会与孔隙水反应形成碳酸 H_2CO_3；然后，CO_2 会与 $Ca(OH)_2$ 快速反应，生成难溶的 $CaCO_3$ 沉淀；其次，CO_2 与 C-S-H 凝胶的反应也十分激烈，生成无定形硅胶和各种形态的 $CaCO_3$ 沉淀；最后，CO_2 还会与钙矾石等钙相产物发生碳酸化。碳化反应过程会消耗掉混凝土体系内大量碱性产物，使得钢筋表面的 pH 值降低到 9.0 以下，钝化膜遭到破坏。

Cl⁻侵蚀是海工结构在服役期间面临的主要结构腐蚀问题,海水或骨料中富含的氯盐($NaCl$、$CaCl_2$、$MgCl_2$ 等)会对钢筋的电化学稳定性产生巨大的扰动。氯盐的侵蚀主要是以游离 Cl⁻ 的状态,通过毛细作用渗透到钢筋表面,与钝化膜上的铁离子结合破坏铁氧化物保护层,导致钝化膜变薄甚至破坏。除此之外,Cl⁻ 还会通过一系列复杂化学反应、物理吸附过程降低 pH 值,导致去钝化现象。

当碳化或 Cl⁻ 侵蚀引起钢筋钝化膜失稳或破坏时,钢筋就会极易发生锈蚀,此时的钢筋处于活化状态,如果同时存在离子传输通道(电解环境),并且具有阴阳极间的电子连通,钢筋锈蚀就会发生并持续发展。钢筋的锈蚀会在其表面发生一系列的电化学过程,活化区域的钢筋会充当阳极区,发生铁的氧化:$Fe \rightarrow Fe^{2+} + 2e^-$,存在氧气的钝化位置则成为阴极区,发生一系列的还原反应,生成氢氧化铁、铁氧化物等钢筋锈蚀产物。

6.2.2 海工结构钢筋腐蚀防护措施

由于海工结构需要暴露在较为极端的环境下,为保证结构性能在数十年甚至上百年的服役时限下不发生退化,需要制定有效的腐蚀防护措施,以确保海工结构至少能够达到设计的有效使用寿命。目前,针对钢筋混凝土结构主流的腐蚀防护措施主要有三种:一是提升混凝土的抗侵蚀性能,如混凝土涂层,使用钢筋阻锈剂,或者通过添加矿物掺合料与外加剂、调配水灰比等措施改善混凝土的抗渗性、密实性等;二是增强钢筋的抗腐蚀能力,可以通过使用钢筋涂层、钢筋镀锌、不锈钢钢筋等措施实现;三是使用电化学方法,主要有阴极防护和电化学除氯两种手段。事实上,前两种防护措施都难以从根本上解决海工结构的腐蚀问题,而只是被动地进行防护。电化学方法则可以从根本上抑制钢筋的腐蚀发展,能够达到长期有效的腐蚀防护效果。本篇主要对两种电化学方法进行介绍。

(1)电化学除氯

电化学除氯技术于 20 世纪 70 年代被提出,作为一种钢筋无损腐蚀防护手段,在海工结构中被广泛推广。电化学除氯技术是利用电化学方法人为地将钢筋作为腐蚀电池的阴极,在混凝土表面布置导电网(不锈钢、钛网等)、导电砂浆等作为阳极,并浸没于电解质溶液中。通过在阴、阳极之间主动施加一个电流密度较高(为 $1 \sim 3A/m^2$)的直流电压,使得混凝土内部 Cl⁻ 发生定向迁移析出,钢筋钝化,达到腐蚀防护的效果。发现:Cl⁻会在外加电场的作用下迁移到阳极区,经电化学反应后生成氯气排出,有学者认为电化学除氯技术能够降低混凝土内部 Cl⁻ 浓度的 $50\% \sim 70\%$。阴极区则发生水的电解,生成大量OH⁻,使得钢筋周围的 pH 值维持在较高的水平,钢筋始终保持在钝化状态。但是,由于施加的电流密度较高,阴极区大量 H_2 生成增加了钢筋发生氢脆的风险。除此之外,有研究者证实电化学除氯技术会削弱钢筋与混凝土间的粘结力,使得钢筋混凝土的整体性下降。

(2)阴极防护

阴极防护技术与电化学除氯技术的相同点在于都是人为地使钢筋成为阴极,抑制电子流失,不同点在于阴极防护对钢筋施加的电流密度较小。按照施加电流的方式分为牺牲阳极阴极防护法和外加电流阴极防护法。

牺牲阳极法是选用比钢筋活性更高的金属与钢筋连接构成原电池,使其代替钢筋成为阳极发生氧化反应,钢筋被动成为阴极受到保护。但是,这种阴极防护方法产生的保护电流有限，且不适用于一些偏远的大型海工结构。

外加电流阴极防护法是对钢筋施加足以停止阳极反应的直流电源，将钢筋与直流电源的负极直接相连，使钢筋电位值低于周围腐蚀电位从而抑制电子流失。与此同时，钢筋表面发生阴极反应产生羟基离子，能够提高碱度保护钢筋表面的钝化环境，原理如图 6-1 所示。相比较牺牲阳极法，外加电流法具有更广泛的工程适应性，能够控制任何氯离子水平下的钢筋腐蚀，尤其是针对一些偏远地区或者海洋环境的工况，具有更可靠的保护效果和更长的预期寿命。由于是主动施加的保护电流，因此可以根据不同环境的保护要求调节所提供的电流，实现防护过程的人为干预。然而，传统的外加电流阴极防护法仍然存在构造复杂、维护困难的问题，有待解决。

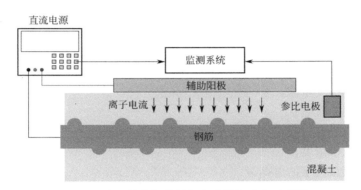

图 6-1　海工结构钢筋外加电流阴极防护示意图

6.3　水泥基复合材料热电性能研究概况

6.3.1　材料的热电性能评价方法

由于材料的价电子受到原子核的束缚而无法自由移动，但当外界环境存在温差梯度或电场的时候会激发价电子的运动能力，从而产生载流子流动现象。载流子在温差或电场的作用下发生定向迁移和扩散，最终达到平衡，此时材料两端产生一定的温差或电位差，这种现象即为热电效应，包括 Seebeck 效应、Peltier 效应、Thomson 效应。

其中，Seebeck 效应表现为当热电材料两端存在温差梯度时，会引起载流子的定向移动使得材料两端存在电势差，通过 Seebeck 系数（S）表示，见式(6-1)。载流子包括电子和空穴，当材料内部空穴的浓度远大于电子浓度时，被认为是 P 型半导体；反之，以电子流动为主时，被认为是 N 型半导体。两者产生的温差电动势相反。

$$S = \frac{\Delta V}{\Delta T} \tag{6-1}$$

式中　S——Seebeck 系数（$\mu V/℃$）；

　　　ΔV——电势差（μV）；

　　　ΔT——温度差（℃）。

事实上，仅用 Seebeck 系数衡量热电材料 Seebeck 效应的优劣是片面的，热电转换效率需要通过热电优值（ZT）综合表征，如式（6-2）所示。从式中可以看出，想要获得更高的热电转换效率，则需要有较高的 S 和电导率（σ）以及较低的热导率（κ）。

$$ZT = \frac{S^2 \sigma}{\kappa} T \tag{6-2}$$

式中　T——绝对温度。

对于金属或简并半导体，S 可以用式（6-3）计算，σ 由式（6-4）给出。由式（6-3）、式（6-4）可以发现，S 与载流子浓度 n 成反比，而 σ 与 n 成正比。同时，载流子的热导率是热电材料热导率的主要来源，n 的增加意味着热导率 κ 的提高。因此，可以发现，热电材料的各项基础特性是冲突的，想要获得更高的 ZT 值需要优化相互矛盾的性能参数。而源头在于处理好载流子浓度 n，有研究发现，以半导体为例的载流子浓度在 $10^{19} \sim 10^{20} \, cm^{-3}$ 区间时，ZT 值达到最优。

$$S = \frac{8\pi^2 k_B^2}{3eh^2} m^* T \left(\frac{\pi}{3n}\right)^{2/3} \tag{6-3}$$

式中　k_B——玻尔兹曼常数；

　　　h——普朗克常数；

　　　m^*——载流子有效质量；

　　　n——载流子浓度；

　　　e——单位载流子的电荷量。

$$\sigma = ne\mu \tag{6-4}$$

式中　μ——载流子迁移率。

6.3.2　水泥基复合材料热电效应研究现状

向水泥基体系中掺入富含载流子的导电或半导电的热电材料，可以使其获得热-电转化功能。其中，以碳质材料、金属氧化物、金属材料和部分工业废弃物（钢渣、粉煤灰）为代表的热电元件，被广泛应用于水泥基体系中。

（1）碳质材料

以碳纤维（CF）、CNTs、石墨、炭黑等为代表的碳质材料具有优异的力学、电学、光学性能。将碳质材料作为导电、热电功能相掺入水泥基体中制备水泥基热电材料的研究由来已久。1998 年，孙明清等用聚丙烯腈基 CF 制备水泥基复合材料（CFRC），当 CF 掺量为 1.0wt.%（占水泥质量的）时，CFRC 的 Seebeck 系数超过 16μV/℃；随着 CF 掺量增加到 1.2wt.%，Seebeck 系数急剧下降了三倍，同时电导率趋于稳定。在温差热电势的测量中也证实了在较宽的温度范围内，CFRC 的温差热电势对温差具有良好的灵敏度和可逆性。Wen 等尝试用硅灰和乳胶改善 CF 的分散性以提高 CFRC 的 Seebeck 系数，并对 CF 提高 Seebeck 效应的线性度和可逆性进行了更加详细的解读。为进一步提高 Seebeck 响应，Wen 等还通过溴插层工艺修饰 CF，增加了空穴载流子浓度，将 CFRC 的 Seebeck 系数提高到 21.2μV/℃。

郝磊研究发现，适当增加 CF 表面的粗糙度，可促进 CF 与水泥基体的相互连通，有利于 CFRC 的 Seebeck 效应。但是粗糙度过大会影响试件内部的导电机制，削弱 Seebeck 效应。陈兵等发现 CF 的长度也会对 CFRC 的 Seebeck 效应产生影响，较长的 CF 在水泥基体中易形成团聚，降低 Seebeck 效应的线性度和可逆性。

石墨具有优异的导电性、导热性和化学稳定性。赵莉莉通过高温热处理酸化石墨制备膨胀石墨（EG）并掺入水泥中。分析发现，随着复合材料成型压力的增加，其 Seebeck 效应愈加明显，当成型压力为 40MPa 时，Seebeck 系数约为 49.32μV/℃。EG 较高的预处理温度（800℃）可以使 Seebeck 系数达到 45.24μV/℃。该课题组在 2018 年的一篇报道中提出 15 wt.％的 EG 可以使水泥基复合材料的 ZT 值达到 6.82×10^{-4}，但是石墨的片层排布结构会显著降低水泥基复合材料的强度。

CNTs 具有独特的一维纳米结构，在微观上能够对水泥基体起到桥接和密实的作用，让水泥基复合材料表现出更稳定高效的 Seebeck 效应。Kim 等测得了单壁 CNTs 的 Seebeck 系数为 100μV/℃。研究人员发现其对 Seebeck 效应的增强作用主要源自于空穴的不稳定性，这与 CF 相同。魏剑等用压缩剪切的分散法将 CNTs 掺加到水泥基中制备复合材料，试验发现，在 CNTs 含量较低时，复合材料的 Seebeck 系数随着 CNTs 含量增加而提高，在合适的温度下最高可以达到 57.98μV/℃。但是 CNTs 的含量继续增加时，材料的 Seebeck 系数反而有所降低，这主要是由于随着 CNTs 含量的增加导致其在基体中分散性降低而产生团聚现象，影响了复合材料的密实性。

（2）金属氧化物

相比较碳质材料，金属氧化物具有较大的禁带宽度，同时纳米化后的金属氧化物的电子态表面密度在费米能级附近增加，使得水泥基复合材料的 Seebeck 系数表现出较高的量级。

Ji 等分别研究了 ZnO 与 Fe_2O_3 对水泥基体 Seebeck 效应的增强效果，结果发现，复合材料的 Seebeck 系数随着 ZnO 和 Fe_2O_3 含量的增加而提高，线性度也逐渐优化，当二者含量为 5.0wt.％时，复合材料的 Seebeck 系数分别达到了 3300μV/℃ 和 2500μV/℃。Song 等利用球磨法制备 $nMnO_2$ 粉末，测得其 Seebeck 系数竟高达 20000μV/℃ 以上。基于如此高量级的 Seebeck 系数，李伟华等将 $nMnO_2$ 粉末掺入水泥基体，经试验表明，随着 $nMnO_2$ 含量增加，复合材料的 Seebeck 系数显著提高，$nMnO_2$ 含量仅为 0.5wt.％时，复合材料的 Seebeck 系数就达到了 1000μV/℃，当 $nMnO_2$ 含量为 5.0％wt.％时，Seebeck 系数高达 3300μV/℃。这种高量级的 Seebeck 系数是由于热电相的纳米化降低了材料热电系统的维度，从而使其量子限制态接近费米能级，提高了费米能级附近的载流子密度，显著增强了 Seebeck 效应。2019 年，肖龙等用 5.0％ wt.％的 NiO 将水泥基复合材料的 Seebeck 系数提高到了 4050μV/℃，相应电导率达到 6.76×10^{-5} S/cm。同时，复合材料温差电动势与温差之间表现出较好的线性度，是一种极具潜力的热电材料。

（3）金属材料

金属材料具有优异的导电性，内部含有大量的电子载流子。研究者发现，将金属材料掺入水泥基体中能够造成不连续的缺陷界面，使得电子受到散射作用从而提高水泥基复合材料的 Seebeck 效应。

Wen 和 Chung 用 5mm 的短切不锈钢纤维制成水泥基复合材料，试验发现钢纤维含量为 1.0 wt.％时，复合材料的 Seebeck 系数达到 68.0μV/℃。之后，该团队又测试了直径 60μm 的不锈钢纤维掺入水泥基体的热电增强效果，钢纤维含量为 0.2 vol.％时的 Seebeck 系数为 63μV/℃，体积分数增加到 0.5vol.％后，Seebeck 系数也相应提高到

$94\mu V/℃$，电导率从 $3.125×10^{-5}$ S/cm 升高为 $7.1×10^{-4}$ S/cm。

姚武等分别用混掺和涂层两种方式制备 Bi_2Te_3-CFRC，试验发现，相比较 CFRC 的 Seebeck 系数（$9.4\mu V/℃$），混合法制备 1.0 wt.% Bi_2Te_3-CFRC 的 Seebeck 系数提高了 153%，应用涂层法的复合材料 Seebeck 系数提高了 260%。

（4）工业废弃物

部分工业废弃物如钢渣、粉煤灰富含大量的金属氧化物，能够提供足量的空穴载流子，具备提高水泥基材料 Seebeck 效应的条件。

唐祖全等用风淬钢渣与水泥混合制成钢渣混凝土，并对其 Seebeck 效应进行了研究，结果发现，当钢渣与水泥质量比为 3.0 时，材料的 Seebeck 系数达到 $48.15\mu V/℃$。但当质量比增加到 5.0 后，材料的 Seebeck 系数以及电动势与温差间的线性度、可逆性均降低，这是由于过量的钢渣影响了复合材料的致密性。2018 年，王子仪等以磁选粉煤灰作为骨料制备热电功能砂浆，发现当骨料掺量分别为 30%、50%、70% 时，试件的 Seebeck 系数均可达到 $300\mu V/℃$，但是后两者的热电势温差曲线的线性度优于前者。

通过综述部分国内外针对水泥基热电复合材料的 Seebeck 效应研究概况来看，大多数热电元件虽然能够改善水泥基体的 Seebeck 效应，但是对 Seebeck 系数量级的提升相对有限，并且不能同时优化 Seebeck 系数和电导率 σ，对热电转化效率的增强幅度不高。因此，有必要继续深入开发水泥基热电复合材料的热-电转化性能，同时优化多个性能参数以最大化 ZT 值，进一步提高热电转化效率。

6.4　结构劣化自监测性能研究

6.4.1　本征自感知混凝土

结构劣化自检测性能实现的前提是以胶凝材料为基体开发嵌入式、粘贴式、层和式甚至一体式的感知传感器，使其具有固有的宿主相容性和与建筑结构相同的寿命，胶凝材料成为具备感知性能的数字化载体。因此，在此过程中希望混凝土不仅仅具有结构性能，还需要其承担起结构服役信息的采集者、处理者、反馈者等角色，即本征自感知混凝土（Intrinsic Self-sensing Concrete，ISC）。ISC 实现的基础是导电性，普通混凝土的电阻率在 $10^6\sim10^9\Omega·cm$，主要依靠孔隙液的离子导电，无法实现有效的感知性能，ISC 则是通过掺杂各类导电或半导体功能填料获得高效的导电性。当 ISC 内部微观结构受到外部因素影响时，其固有的导电机制发生变化，从而对结构服役信息（应力、变形、损伤等）或环境因素（温湿度、pH 值等）进行精确采集。现有针对导电功能填料的研究主要集中于聚合物、金属、碳质材料三个方面，由于碳质材料能够兼顾混凝土的结构性能和耐久性，在目前的开发应用中较为主流。

感知类混凝土最早出现于 20 世纪 60 年代，由苏联学者提出将炭黑掺入混凝土中以提高其导电性，正式拉开了智能建筑材料的序幕。之后，日本相关学者提出智能建筑材料需要对服役环境的变化具有感知和控制能力，这也成为推动后续 ISC 开发的出发点。20 世纪 90 年代初，美国学者 Chung D D L 首次关注 CF 电阻与应力间的耦合关系，并将其作为导电填料掺入混凝土中，开发了本征功能性的智能混凝土。到目前为止，CF 在 ISC 领域的开发应用是最为广泛全面的。除 CF 外，以炭黑、石墨烯、CNTs 为代表的碳质材料也被广泛应用于 ISC 的开发中。Li 等将尺寸为 120nm 的炭黑掺入水泥基体中，相应复合材料的电阻率变化信号与压缩应变间表现出良好的对应响应现象，电阻率随应变变化呈现出良好的线性度和重复性，应变灵敏度可以达到 55.28。詹达富发现在水泥浆体中掺加石墨烯后，复合材料表现出优异的压敏和拉敏性能，并且增加片径会对水泥基复合材料的力-电反馈有增强效果。CNTs 在 ISC 的开发研究中也被证实具有广泛的应用前景。Andrawes 等人认为 CNTs 水泥基复合材料（CNTs-CC）对压缩和拉伸工况均可以作出良好的反馈。Cha 等发现 CNTs-CC 的压阻响应受环境湿度的影响，相对干燥的环境更有利于增强复合材料的力-电传感效能。CNTs 由于具备纳米尺度的直径从而更有利于激发场发射效应，使得 CNTs 在水泥基体更容易越过势垒发生隧穿，相应复合材料能够在负载状态下表现出更灵敏的电信号反馈。

国内大连理工大学、哈尔滨工业大学、香港理工大学、同济大学、汕头大学、青岛理工大学等高校机构对 ISC 进行了系统性的开发和研究。其中，哈尔滨工业大学欧进萍、李惠、韩宝国等人对 ISC 的研究形成了标准化、综合性的理论，推动了结构劣化自监测性能的发展。

6.4.2　ISC 传感机制分析

ISC 自监测性能实现的机理是 ISC 在荷载、环境等因素作用下，其导电性能发生与各因素耦合的规律性变化。目前，对该功能性比较权威的机制解释有三个：渗流理论、隧穿效应、有效介质理论。

（1）渗流理论

渗流理论可以通过导电通路的形成来解释，当基体中导电相的含量升高并超过一定的阈值时，会在基体中形成稳定的导电通路（网络），这时候载流子的迁移主要依靠该通路，复合材料的电阻率大幅度降低，此时导电相的体积分数即为渗流阈值 φ_c。φ_c 的大小取决于很多因素，除了与导电相自身特性有关，还与基体材质性质及其在基体中的分布有关。Han 等认为 φ_c 受导电相几何形状的影响较大，小尺寸和高长径比有利于降低材料的 φ_c。当功能填料的掺量达到或超过 φ_c 时，能够在基体形成稳定的三维接触网状结构，在加载之前多数功能填料已经相互搭接或者间距足够接近可以发生隧穿，ISC 的电阻率相对稳定，对负载的变化并不敏感。渗流理论可以对 φ_c 附近电阻率突变的现象进行解释，并认为导电颗粒相互接触或者间距足够小时才能产生导电现象，但是无法说明某些介质中不连续的导电颗粒依然会赋予复合材料导电或压阻行为的现象。

（2）隧穿效应

隧穿效应对某些导电颗粒未发生明显接触却依然存在导电性的现象给出了较好的解释。该理论认为未接触的导电颗粒间存在势能垒，但是如果存在势能差，并且势能垒宽度较小，部分电子会克服势能垒发生定向跃迁，使得导电颗粒未相互搭接或者间隙接近 1nm 时依然会发生导电现象。Simmons 提出了隧穿效应方程，见式（6-5）。从式中可以看出，隧穿电流密度 J 为间隙宽度 G 的指数函数，因此可以认为较小的间隙宽度是发生隧穿效应的必要条件。

$$J = \left[3(2m\varphi)^{1/2}/2G\right](e/h)^2 V \exp\left[-(4\pi G)/h(2m\varphi)^{1/2}\right] \tag{6-5}$$

式中　J——电流密度；

　　　φ——间隙势垒；

　　　G——间隙宽度；

　　　m——单个电子质量；

　　　e——单个电子电荷量；

　　　h——普朗克常数。

（3）有效介质理论

无论是水泥基体还是其他复合材料本质上讲都是存在缺陷的非均匀介质，而有效介质理论就是将非均匀复合材料中的每个颗粒都看作具有同一电导率的均匀介质，这样就很好地解释了不连续分布体系中的导电行为。有效介质理论可以较好地简化复合材料导电性分析模型，但是该理论的应用前提是导电颗粒在任意范围内可以完全填充某一确定介质，这就要求导电颗粒在基体中的分布足够均匀广泛、数量足够多、尺寸足够小，实际应用过程中是很难达到这些要求的，所以有效介质理论在二元体系的应用中是存在一定的误差和缺陷的，只不过这些误差在电阻率的计算中是可以忽略的。

以上所提到的三种理论在分析压阻性能过程中应用较为广泛，但实际模拟过程中不应该单独用某一种理论进行解释，而应该综合考虑并相互联系。有效介质理论将不连续、非均质的介质均匀化，这样可以更好地联系复合材料微观结构和宏观性能，该理论简化的过程可以很好地与渗流理论、量子隧穿效应结合。

6.5　本篇主要研究目的与内容

6.5.1　本篇研究目的和意义

海洋关乎着我国未来重要的发展和生存利益，针对海工钢筋混凝土结构的防腐蚀研究方兴未艾。迄今为止，钢筋的腐蚀防护措施主要有使用高性能混凝土、混凝土表面涂层、钢筋涂层和以阴极保护为代表的电化学保护。其中，阴极保护被国内外学者公认为最有效的钢筋腐蚀防护手段。然而，传统的阴极保护形式在实际工程应用中会存在各种各样的缺陷，例如，牺牲阳极阴极保护法的保护电流有限，阳极材料需定期更换，驱动电压不可调，施工难度大且不适用于大型钢筋混凝土结构；外加电流法则需架设直流电源，存在通电后的安全隐患及后期维护困难等问题。上述缺陷在复杂的海洋环境下会被放大，更加难以适应实际应用工况。

除了对钢筋腐蚀的前期预防和保护，海洋环境下钢筋混凝土结构性能的过程监测也显得尤为重要。SHM 中局部损伤和健康预警的传感信号目前大都是通过光纤光栅、形状记忆合金、电阻应变片等附着或埋入式的传感器采集，但是这些传感器存在寿命短、抗干扰能力差、与混凝土相容性差等大量工程制约因素。ISC 在胶凝过程中将传感元件"融"于自身，使得传感性能成为混凝土的结构性能，极大地提高了健康监测与结构服役过程的协同性，解决了传统传感器在工程应用中的各类缺陷。

基于上述思考，将具备优异导电和热电性能的纳米功能材料掺入水泥基体系中，制备高效热电转换及稳定力-电传感的纳米改性热电砂浆。通过产生高量级的 Seebeck 系数和较低的体系电阻，构建高热电转化效率的水泥基热电复合材料，在温差驱动下产生稳定的温差电流作为海工结构外加电流阴极保护的电流供给源，建立水泥基热电发电模块，形成基于 Seebeck 效应的钢筋阴极保护系统的应用基础和理论框架。同时，纳米导电功能材料的掺入除了降低体系的电阻率以外，还会赋予复合材料优异的压阻性能，在应力/应变作用下引起电信号的稳定响应，有望开发一种兼具结构与传感性能的本征自感知混凝土，获得原位感知的数字化特征，从而实现结构服役状态的连续监测与评估。上述研究提出了一种全新的功能复合型的智能材料，首次将热电性能与压阻传感性能结合，以混凝土结构本身作为功能载体，有望从结构前期防护到服役过程中实现海洋混凝土结构热电防护层阴极防护与劣化监测同步效果。

6.5.2　研究内容

本篇以 CNTs 和 $nMnO_2$ 粉末作为纳米功能填料复合掺入水泥基体中制备 CNTs 和 $nMnO_2$ 协同增强水泥基复合材料（CMCC），发挥前者的导电优势及后者优异的 Seebeck 性能，优化热电参数，最大限度地提高水泥基体的热电转化效率，探究 CMCC 用于海工结构钢筋阴极保护电流供给源的可行性。同时，利用 CNTs 的压阻性能，开发水泥基压阻本征传感器，用于实现海工结构防护层健康的过程监测。具体研究内容如下：

（1）CMCC 的制备及性能研究。以硫酸锰和过硫酸铵为氧化还原反应的原材料，反应时间和温度为考察变量，通过水热合成法制备纯相 $nMnO_2$ 粉末，并分别用 X 射线衍射分析（XRD）和扫描电子显微镜（SEM）表征其晶型结构及微观形貌尺寸。制备 CNTs-CC 测试其导电性，确定 CNTs 的渗流阈值，作为后续复合 $nMnO_2$ 的标准掺量。结合表面活性剂及超声处理将 CNTs 和 $nMnO_2$ 粉末掺入硫铝酸盐水泥基体系中制备 CMCC，通过力学测试、抗氯离子渗透试验（RCM 法）、综合热分析研究复合材料的基础物化性能。考察 $nMnO_2$ 的掺量对 CMCC 热电性能的影响，分析其热电增强机制。

（2）CMCC 的阴极防护性能研究。为进一步考证自制纳米改性热电砂浆 CMCC 用于海工结构阴极防护体系温差发电源的可行性，将 16 个 CMCC 试件串联组成水泥基热电发电模块，并以此建立热电发电系统，作为海工结构阴极防护体系的电流供给源。为模拟钢筋在海工混凝土结构中真实服役环境，制备含 3.5 wt.％NaCl 腐蚀介质的碱性模拟液作为电解质溶液，将自制热电发电系统与测试钢筋连接，并建立电化学测试用三电极体系，分别采用腐蚀电位法、极化曲线法、交流阻抗法对不同腐蚀龄期下钢筋的电化学行为进行表征，并与未进行阴极保护的钢筋对比，着重从动力学和热力学角度出发，对热电发电系统的阴极防护效果进行定性和定量的综合分析，用于开发海工结构用阴极防护砂浆，实现结构外加电流式阴极防护的电流自供给。

（3）结构劣化自监测性能的研究。为开发一种兼容传感及结构性能的结构本征传感器，本篇利用 CNTs 优异的压阻性能，对 CMCC 试件的压阻传感性能进行测试。利用动态信号采集系统中惠斯通全桥电路模块，实现复合材料在往复循环荷载下的压力与电信号的同步采集，获得两者随时程变化的对应耦合关系。主要研究了不同 CNTs 掺量、加载速率和加载幅值下的电阻率变化情况，用于表征 CMCC 的压阻传感性能，结合微观形貌观察分析其压阻响应机理。最后对 CMCC 压阻传感性能的应力灵敏度、稳定性和线性度进行分析，用于评价海工结构热电防护层的劣化自监测效能。

第7章 纳米改性热电砂浆制备及基础物化性能研究

7.1 引言

利用水泥基热电复合材料的 Seebeck 效应,实现热能向电能的自主转化,并将其作为钢筋外加电流阴极保护的电流供给源,这对复合材料的热电转化效率提出了更高的要求。过渡金属氧化物是一种极具潜力的热电材料,具有非常全面的电学特性,能够在较宽的温区内提供非常高的 Seebeck 系数。其中,MnO_2 是一种广泛应用于传感、电极、电池等领域的半导体材料,其优异的热电性能也得到研究证实,纳米化后的 MnO_2 会由于各种小尺寸效应使得热电性能进一步增强。Ji 等将 $nMnO_2$ 掺入水泥基体中制备 $nMnO_2$ 水泥基复合材料($nMnO_2$-CC),5.0wt.% 的 $nMnO_2$ 可以使 $nMnO_2$-CC 获得 $3085\mu V/℃$ 的 Seebeck 系数,相比水泥净浆提高了 1000 多倍。$nMnO_2$ 对水泥基体热电性能的增强显然是非常有效的,然而想进一步增强热电转化效率仅靠提高 Seebeck 系数是不够的,还需要综合考虑热电功率因数,提高复合材料的电导率 σ。

CNTs 具有独特的一维纳米结构,可用作增韧、导电、吸波、传感等功能的填料。CNTs 的电导率能够达到 1000S/cm 以上,同时极高的长径比使其极易在基体中搭接形成导电网络,可以显著改善水泥基材料的导电性能。李庚英等通过四电极法确定 CNTs-CC 具有较低的电阻率。罗健林等在水泥基体中掺入多壁 CNTs,经测试发现,掺加 2.0wt.% 的 CNTs 使得水泥基体的体积电阻率从 $927.54k\Omega\cdot cm$ 降低到 $1.83k\Omega\cdot cm$,下降接近 100%。另外,Yakovlev 等还证实 CNTs 具有降低水泥基体热导率的潜力,0.05wt.% 的 CNTs 可以使混凝土的热导率降低 12%~20%。这样来看,利用 CNTs 优异的导电性能及降低基体热导率的能力,结合 $nMnO_2$ 显著的 Seebeck 效应,可以全方位地优化 ZT 值的各项参数,最大限度地提高复合材料的热电转化效率。

本章首先利用硫酸锰和过硫酸铵的氧化还原反应,通过改变水热合成法的反应时间和温度制备纯相 $nMnO_2$ 粉末。由于 CNTs 较高的长径比和表面能,使其极易缠绕团聚。本研究结合表面活性剂和超声分散的处理手段获得 CNTs 分散原液,以此制备 CNTs-CC 用于电导率测试,旨在确定 CNTs 的渗流阈值用于后续试验。基于确定的 CNTs 渗流阈值,复合 $nMnO_2$ 粉末制备 CMCC,探究 $nMnO_2$ 掺量对 CMCC 热电性能的影响。最后,采用力学测试、抗氯离子渗透试验(RCM 法)和综合热重分析(TG-DTG)分析复合材料的基础物化性能。

7.2　原材料与仪器

7.2.1　试验原材料

　　CNTs（多壁型），购自江苏先丰纳米科技有限公司，主要物理性能指标如表 7-1 所示；硫酸锰（分子式 $MnSO_4 \cdot H_2O$）与过硫酸铵［分子式（NH_4）$_2S_2O_8$］，分析纯，均购自国药集团化学试剂有限公司；聚乙烯吡咯烷酮（PVP），分析纯，购自国药集团化学试剂有限公司，用作 CNTs 的分散剂；快硬型硫铝酸盐水泥，购自唐山北极熊建材有限公司，强度等级为 42.5，化学成分及物理性能指标分别见表 7-2、表 7-3；标准砂，购自厦门艾思欧标准砂有限公司，执行标准《水泥胶砂强度检验方法（ISO 法）》GB/T 17671—2021；铜片，分析纯，铜含量不少于 99.5%，购自天津市申泰化学试剂有限公司；水，去离子水及蒸馏水，均为实验室自制。

CNTs 的主要物理性能指标　　　　　　　　　　表 7-1

直径(nm)	长度(μm)	纯度(%)	无定形碳(%)	比表面积(m^2/g)	热导率[W/(m·K)]	电阻率(Ω·cm)
20~40	5~15	≥95%	≤3%	40~300	1.60	<5

硫铝酸盐水泥的主要化学成分（质量分数，%）　　　　表 7-2

CaO	SiO_2	Al_2O_3	Fe_2O_3	SO_3	MgO	TiO_2
44.09	13.45	20.38	2.38	14.82	2.34	1.33

硫铝酸盐水泥的物理性能指标　　　　　　　　表 7-3

比表面积 (m^2/kg)	初凝时间 (min)	终凝时间 (min)	28d 限制膨胀率(%) (10±2MPa 脱模)		力学性能			
			干空	水中	f_t(MPa) 3d	f_t(MPa) 28d	f_c(MPa) 3d	f_c(MPa) 28d
501	25	34	0.01	0.013	6.6	7.0	33.7	46.2

7.2.2　主要试验仪器

　　表 7-4 为主要的试验仪器。

主要试验仪器　　　　　　　　　　　　表 7-4

仪器名称	型号	厂家
探头式超声细胞粉碎机	FS-550T	上海生析超声仪器有限公司
紫外/可见分光光度计	UV-5200	上海元析仪器有限公司
行星式砂浆搅拌机	NJ-160A	天津中路达仪器科技有限公司
直流稳压电源	DC30V5A	江苏常州卡宴电子科技有限公司
数字万用表	Fluke B15	福禄克测试仪器(上海)有限公司
LCR 数字电桥	TH2811D	苏州新同惠电子有限公司
真空干燥箱	DZF-6050	上海圣科仪器设备有限公司
高速离心机	TGL-16gr	上海安亭科学仪器厂
水热反应釜	SF-100	上海岩征实验仪器有限公司

仪器名称	型号	厂家
X 射线衍射仪	D8 ADVANCE	布鲁克(北京)科技有限公司
扫描电子显微镜	SIGMA 500	北京欧波同光学技术有限公司
压力试验机	DYE-300	无锡埃米诺试验机有限公司
氯离子扩散系数测定仪	NJ-RCM	沧州科兴仪器设备有限公司
制样粉碎机	FM-1	北京市永光明医疗仪器有限公司
热重分析仪	SDT-Q600	美国 TA 仪器公司
磁力搅拌器	HJ-6	巩义市科瑞仪器有限公司
数显式恒温水浴锅	DRHHW-S4-4	上海双捷实验设备有限公司

7.3 样品与复合材料制备及性能测试方案

7.3.1 CNTs 分散悬浮液的制备及表征

（1）CNTs 分散悬浮液的制备

首先，为确定 PVP 作为表面活性剂的掺量，分别取水泥质量的 0、0.1%、0.2%、0.3%、0.4%溶于 20mL 蒸馏水中，磁力搅拌至完全溶解。称取 0.02 g 的 CNTs 分别加入各浓度的 PVP 溶液中，先用玻璃棒搅拌使得 CNTs 充分浸入溶液，然后以 400r/min 的转速进行磁力搅拌 10min，确保 PVP 与 CNTs 充分吸附。所得溶液放入探头式超声细胞粉碎机（图 7-1）进行超声处理，超声机制为：超声功率 110W，频率 20kHz，闭循环 90s，开循环 10s，共循环 90 次，得到不同 PVP 浓度下的 CNTs 悬浮液。

图 7-1 探头式超声细胞粉碎机

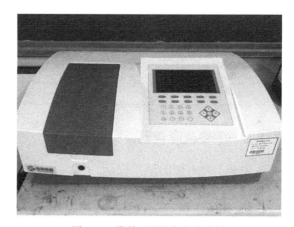

图 7-2 紫外/可见分光光度计

（2）紫外/可见分光光度计法表征 CNTs 在水性体系中的分散性

紫外/可见分光光度计法（UV-vis）是基于 Lambert-Beer 定律，悬浮液在特定波长下的吸光度与悬浮液中单独存在的溶质成正比，式(7-1)为计算公式。因此，可以建立悬浮液中单根存在的 CNTs 的量与吸收光谱强度之间的关系，实现定量表征 CNTs 在悬浮液中的分散效果。

$$A = \log(1/T) = Ecl \tag{7-1}$$

式中　A——吸光度；

　　　T——透光率；

　　　E——吸收系数；

　　　c——溶液浓度；

　　　l——光路长度。

本次测试过程为：分别抽取不同 PVP 浓度下的 CNTs 悬浮液 0.1mL 加入 50mL 蒸馏水中进行稀释，以满足 Lambert-Beer 定律。搅拌均匀后抽取 4mL 稀释液移入石英比色皿中。紫外/可见分光光度计（图 7-2）预热后将稀释液与对比组一同放入，设置测试波长为 300～700nm。通过对比在特定波长下各 CNTs 悬浮液吸光度的大小，可以确定最适合 CNTs 分散的 PVP 浓度。

7.3.2　CNTs-CC 的制备过程

根据 7.3.1 节中 UV-vis 光谱法的测试结果，确定 PVP 使用量，制备不同 CNTs 掺量的分散原液：取拌和用水总量的 4/5 于烧杯中，加入定量 PVP 粉末磁力搅拌至完全溶解，然后分别加入水泥质量 0、0.05%、0.1%、0.2%、0.5%、1.0% 的 CNTs，磁力搅拌 10min 后进行超声处理 30min（1.0% 的 CNTs 需延长超声处理时长为 40min），所得 CNTs 分散原液封存备用。

水泥砂浆试样的制备采用的水灰比为 0.5，胶砂比为 1∶1.5。考虑到后续导电及压阻性能测试的便利性，均采用四电极体系制备砂浆试样。为方便电极的嵌入，自制 40mm×40mm×100mm 钢模，模具内壁预设导槽以方便铜片电极的插入和固定。CNTs-CC 的制备按照《水泥胶砂强度检验方法（ISO 法）》GB/T 17617—2021 要求进行：先将 CNTs 分散原液倒入行星式砂浆搅拌机中，加入水泥低速搅拌 30s，然后加入标准砂进行先慢后快的机械搅拌 2min，搅拌过程中加入剩余拌和用水，得到 CNTs 与水泥砂浆混合的原始浆料。将该浆料倒入预插铜片电极的涂油钢模中，振捣密实后养护 24h 拆模，硬化后的水泥砂浆试件转移到温度为 23±3℃、湿度为 90%±5% 的标准养护室中养护 28d，CMCC 试件的成型示意图与实物如图 7-3 所示。

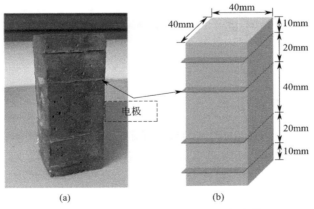

图 7-3　CMCC 试件的成型示意图与实物

（a）成型实物图；（b）电极尺寸示意图

7.3.3 nMnO$_2$ 粉体制备

采用水热合成法制备纯相 nMnO$_2$，化学反应式如下：

$$MnSO_4 + (NH_4)_2S_2O_8 + 2H_2O \longrightarrow MnO_2 + (NH_4)_2SO_4 + 2H_2SO_4 \qquad (7-2)$$

不同组别 nMnO$_2$ 样品制备条件   表 7-5

编号	反应时间(h)	反应温度(℃)
MO-1	48	120
MO-2	12	160
MO-3	24	160
MO-4	48	160
MO-5	48	180

将 MnSO$_4$·H$_2$O 与（NH$_4$）$_2$S$_2$O$_8$ 按照 1:1.5 的质量比溶于 65mL 去离子水中，并通过磁力搅拌充分溶解后倒入配有聚四氟乙烯内衬的水热反应釜中，然后将其置于高温烘箱中加热反应一定时间后取出冷却，具体制备条件如表 7-5 所示。冷却后的混合液放入高速离心机中进行离心沉淀，并用去离子水反复洗涤 5～6 次以去除杂质。最后，将沉淀物干燥研磨即得 nMnO$_2$ 粉末。详细制备流程如图 7-4 所示。

图 7-4 nMnO$_2$ 水热合成制备流程图

7.3.4 CMCC 试件的制备过程

根据对 CNTs-CC 导电性能的测试结果，确定 CNTs 在水泥基体中的最佳掺量，即渗流阈值，并制备该浓度下的 CNTs 分散原液，制备工艺与流程同 7.3.2 节。由 7.3.3 节中 nMnO$_2$ 粉末的制备及表征结果，确定最佳反应条件并批量制备备用。CMCC 试件的制备过程区别于 CNTs-CC：为保证 nMnO$_2$ 粉末的有效分散，先称取定量的水泥和砂子放入水泥砂浆搅拌锅中干拌，然后分别将 0、0.5wt.%、1.5wt.%、2.5wt.%、5.0wt.% 的 nMnO$_2$ 粉末加入搅拌锅继续干拌至均匀。搅拌结束后将拌合料倒入盛有 CNTs 分散原液的砂浆搅拌锅中进行湿拌，湿拌与养护方法同 7.3.2 节。制备多批次 CMCC 试件用于后续热电及各类基础物化性能的测试，模具使用需按照各类测试要求准备。

7.3.5　nMnO₂ 粉体及 CMCC 试件的微观表征

（1）X 射线衍射（XRD）分析

XRD（X-ray Diffraction）分析是研究物质微观物相结构最有效的方法之一，具有无损检测、精度高、信息量大等优点，能够实现物相定量分析、结晶度测定、晶粒尺寸测量等各项主流测试应用。

XRD 物相分析的依据是各类物质的晶相结构与 XRD 图谱存在独有的对应关系，形成标准化的单相物质衍射花样，即标准衍射卡片（PDF 卡片）。通过衍射仪得到被分析物质的衍射图谱，与 PDF 卡片对应匹配即可确定物质的晶相结构及其他定量分析信息。本测试中利用 XRD 对 nMnO₂ 粉体的晶相结构及结晶度进行表征，确保自制 nMnO₂ 粉体为所需纯相晶体。采用 D8 ADVANCE 衍射仪进行 XRD 图谱测试（辐射源为 Cu-Ka，$k=1.5418A$；靶压：40kV；靶电流：40mA；扫描范围：10°～60°；步长：0.02°），测试仪器如图 7-5 所示。

（2）扫描电子显微镜（SEM）

SEM（Scanning Electron Microscope）是一种用于表征物质微观形貌及尺寸的测试手段，在各个研究领域均有极为广泛的应用，具有分辨率高、放大倍数高、景深大、视野好等优势。SEM 通过高能电子束扫描样品，使其产生二次电子、背散射电子、透射电子等信号，通过对这些信号的收集、放大、成像过程获得肉眼可观的微观形貌信息。而对一些导电性较差的样品测试时，电子书激发的信号较弱，则需在测试前进行喷金处理。

本试验中利用 SIGMA 500 型 SEM（图 7-6）表征自制 nMnO₂ 粉体的微观形貌和颗粒尺寸，通过观察了解样品的基础物理信息。同时，对 CNTs 及 nMnO₂ 在水泥基体中的分布形态进行确定，分析 CNTs 与 nMnO₂ 相互作用机理及其对基体各项功能性的协同增强机制。

图 7-5　装有 nMnO₂ 粉体的 XRD 衍射仪图

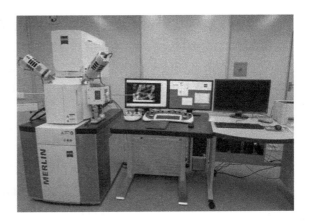

图 7-6　测试 nMnO₂ 及 CMCC 的扫描电子显微镜图

7.3.6 水泥基复合材料电导性测试

相比较两电极法，四电极法由于排除了接触电阻的影响而具有更高的精度。试件测试前，先通过干燥箱烘干至恒重，以尽可能减少极化的影响。测试采用四电极法测量电导率，四电极为在试块浇筑过程中已经嵌入的铜片电极。其中，外对电极为电流极，由直流电源输出电流；内对电极为电压测量极，用 Fluke B15 数字万用表测量两电极间的电压，如图 7-7 所示。根据电导率 σ 的定义，可用以下公式进行计算：

$$\sigma = \frac{1}{\rho} = \frac{I}{U} \cdot \frac{L}{A} \tag{7-3}$$

式中 σ 和 ρ ——试件的电导率和电阻率；
       I 和 U——测得的电流值和电压值；
       L 和 A——内对间距和横截面面积。

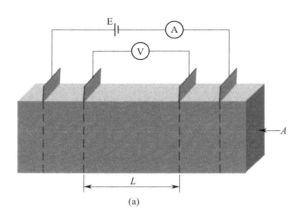

(a)   (b)

图 7-7   CNTs-CC 和 CMCC 电导率测试图
(a) 示意图；(b) 实物测试图

采用交流（AC）两电极法测试 CNTs-CC 的阻抗值，相比较直流伏安测试法，AC 阻抗值的测试能够有效消除极化效应，使得测试过程中数据表现更加稳定。利用 LCR 数字电桥直接连接试件的一对电极，可以直接为试件提供不同频率的交流电，同时测量试件的阻抗值。测试电压为 1V，频率为 50Hz～10kHz，中速自动采样，测试过程如图 7-8 所示。

7.3.7 CMCC 试件的热电性能测试

采用自制温差热电测试系统测试 CMCC 试件的 Seebeck 系数。测试之前，试件在 60℃下烘干处理 48h，以去除水化后的残留水分。然后将试件立于恒温水浴锅上，以 0.1℃/s 的速率升温至 80℃，试件的另一端用冷却水保持室温，实现试件两端的温差梯度。使用 Fluke B15 数字万用表测量试件两端产生的温差电压，同时将 K 型热电偶连接冷热铜片测量温差，测试示意图如图 7-9 所示。用温差电压除以温差可以得到 CMCC 试件的 Seebeck 系数，具体如下：

$$S=\frac{\Delta V}{\Delta T} \tag{7-4}$$

式中　S——CMCC 试件的 Seebeck 系数；

　　　ΔT——温差；

　　　ΔV——温差电压。

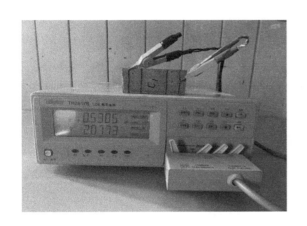

图 7-8　CNTs-CC 试件不同频率下
AC 阻抗值测试图

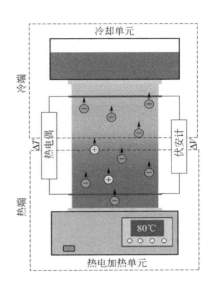

图 7-9　CMCC 试件 Seebeck
电压测试装置示意图

Seebeck 系数仅能反映出在单位温差梯度下产生电压的能力，为进一步体现材料的热电转化效率，引入热电功率因数 P_F，定义为电导率与 Seebeck 系数平方的乘积，计算公式如下：

$$P_F=\sigma S^2 \tag{7-5}$$

7.3.8　水泥基复合材料的基础物化性能测试

（1）抗折/抗压强度测试

由于 MnO_2 具有一定的氧化性，可能会对水泥基体的水化过程产生影响，从而削弱水泥基体基本的结构性能。为保证本篇开发的新型纳米智能材料能够在保证基础性能不受影响或者影响较小的前提下实现目标功能性，本节内容对 CMCC 试件的基础力学性能进行测试，主要通过 DYE-300 型压力试验机（图 7-10）研究了 $nMnO_2$ 和 CNTs 的掺入对 CMCC 试件抗压及抗折强度的影响。测试过程按照《水泥胶砂强度检验方法（ISO 法）》GB/T 17617—2021 的要求进行，抗折试验样品尺寸为 40mm×40mm×160mm，抗压试验样品尺寸为 40mm×40mm×40mm。

（2）抗氯离子渗透试验

由于水泥基体系本身是多孔带裂缝的工作状态，服役环境中的水、气体、盐溶物等有害介质极易在渗透作用下侵入水泥内部，影响结构的耐久性。考虑到本篇开发的纳米改性热电砂浆的目标应用环境为海洋工程，氯盐侵蚀为主要的结构耐久性破坏因素之一，因此，本节采用快速氯离子迁移系数法（RCM）对不同 $nMnO_2$ 掺量下 CMCC 试样的抗氯离子渗透性能进行表征，试样制备及测试要求均按照《普通混凝土长期性能和耐久性能试验方法标准》GB/T 50082—2009 进行，仪器采用 NJ-RCM 型混凝土氯离子扩散系数测定仪，如图 7-11 所示，氯离子扩散系数用下式计算：

$$D_{RCM} = 2.872 \times 10^{-6} \frac{Th(x_d - \alpha \sqrt{x_d})}{t} \tag{7-6}$$

$$\alpha = 3.338 \times 10^{-3} \sqrt{Th} \tag{7-7}$$

式中 D_{RCM}——非稳态氯离子迁移系数（m^2/s）；

　　　h——试件高度（m）；

　　　T——温度（K）；

　　　t——通电测试时间（s）；

　　　x_d——氯离子扩散深度（m）；

　　　α——辅助变量。

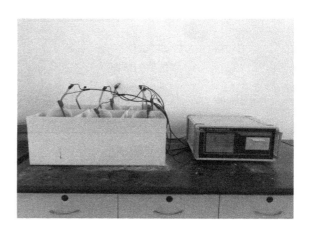

图 7-10　压力试验机测力学强度图　　　　图 7-11　氯离子扩散系数测定仪测抗渗性图

（3）综合热分析

由于水泥基体结构性能的形成极度依赖水化反应过程，功能填料及分散剂的掺入很有可能影响水泥的水化过程，因此，本节对 CMCC 试样进行综合热分析，通过热重曲线（$TG\text{-}DTG$）研究 CNTs 及 $nMnO_2$ 的掺入对水泥基体水化产物的影响。测试前，首先用 FM-1 型粉碎机（图 7-12）对 CMCC 试样磨粉 1min，得到的粉末需进行烘干处理；然后使用 SDT-Q600 型热重分析仪（图 7-13）进行热重分析，设置初始温度为 25℃，升温速度为 20℃/min，结束温度为 800℃。

图 7-12　FM-1 型粉碎机　　　　　　　图 7-13　SDT-Q600 型热重分析仪

7.4　结果与讨论

7.4.1　CNTs 分散性能讨论

　　针对 CNTs 在水性体系中的分散性研究已经相对成熟，表面活性剂超声处理的分散手段也被公认为是比较有效的分散手段之一。然而，由于试验中操作工艺、原材料、试验水平的不同，会影响数据结果的一致性。为保证本试验 CNTs 在基体中的有效分散，实现 CNTs 良好的功能性，再次对 PVP 的掺量进行了优化确定，图 7-14 为不同 PVP 浓度下 CNTs 悬浮液的吸光度。从图中可以发现，PVP 的掺入使得 CNTs 悬浮液的特征波长发生了明显变动，纯 CNTs 悬浮液的特征波长约为 400nm，掺入 PVP 后则变为 360nm 左右。同时，相比较未添加 PVP 的 CNTs 悬浮液，仅 0.1% 的 PVP 就能够使 CNTs 悬浮液

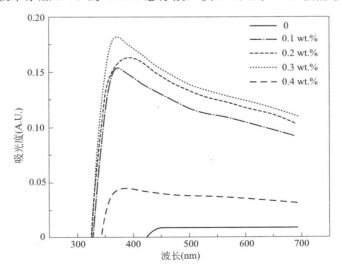

图 7-14　不同 PVP 浓度下 CNTs 悬浮液的吸光度

的吸光度发生质的提高，并且随着 PVP 掺量的增加，CNTs 悬浮液的吸光度出现先升高后降低的趋势。当 PVP 掺量为 0.3% 时，CNTs 悬浮液的吸光度最大，代表分散性最佳，这是由于 PVP 能够吸附包裹在 CNTs 管壁上，PVP 所携带的亲水基团起到了湿润、增溶的效果，隔绝 CNTs 表面范德华吸附力的同时提高了亲水性。然而，当 PVP 掺量达到 0.4% 时，此时悬浮液的吸光度出现大幅度下降，原因在于 PVP 浓度达到了临界胶束浓度，在溶液中形成了胶束，使得溶液稠度增加而不易分散。

图 7-15 为特征波长下 CNTs 悬浮液的吸光度，虽然 CNTs 悬浮液的吸光度在 PVP 掺量小于 0.3% 时一直保持持续升高，但是增长趋势逐渐放缓：0.1% 浓度下的同比增长率为 1962.5%，掺量为 0.2% 时降低到 14.5%，0.3% 时仅为 3.7%。综合考虑 PVP 的掺入可能会影响到水泥的水化过程和经济性等因素，应在保证 CNTs 良好分散性的基础上尽量控制 PVP 掺量，因此确定 0.1% 为本次试验中 PVP 的最佳掺量，并用于后续测试。

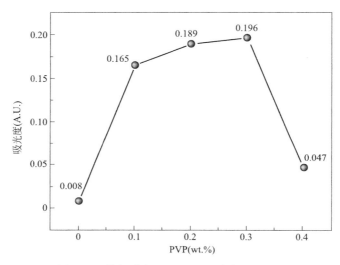

图 7-15　特征波长下 CNTs 悬浮液的吸光度

7.4.2　nMnO$_2$ 粉末的 XRD、SEM 表征结果

图 7-16 为温度 160℃ 时，反应时间分别为 12h、24h、48h 的 nMnO$_2$ 粉末的 XRD 衍射图谱。

将图 7-16 对比 XRD 标准衍射卡片后发现，当反应时间为 12h 时，样品的衍射峰位主要对应 γ-MnO$_2$（PDF♯44-0142）和少量 α-MnO$_2$（PDF♯44-0141）的特征衍射峰，但是衍射强度不高，结晶度较差；当反应时间延长到 24h 时，衍射峰位出现在 2θ 值为 28.68°、37.32°、41.01°、42.82°、46.08°、56.65° 和 59.37° 处，与现有衍射峰位数据库对比后发现，上述七个衍射峰位均与 PDF♯24-0735 标准衍射卡片匹配，分别对应 β-MnO$_2$ 的（110）、（101）、（200）、（111）、（210）、（211）和（220）晶面，可以确定当反应时间为 24h 时，形成的样品为 β-MnO$_2$；反应时间为 48h 样品的衍射峰位与 24h 的位置完全一致，也可确定为 β-MnO$_2$，但是衍射峰值明显高于 24h 的样品，结晶度更优。从

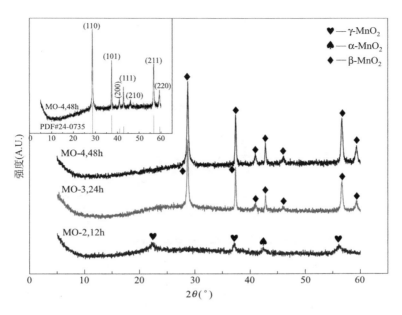

图 7-16　不同反应时间下 nMnO$_2$ 粉末的 XRD 衍射图谱

XRD 分析结果来看，对于以 MnSO$_4$·H$_2$O 与（NH$_4$）$_2$S$_2$O$_8$ 为原料的水热合成 nMnO$_2$，反应时间对产物类型有较大影响。较短的反应时间无法形成稳定的 nMnO$_2$ 晶相结构，结晶度差且产量低。随着水热合成时间的延长，反应产物从 γ-MnO$_2$ 和 α-MnO$_2$ 全部转化为纯相的 β-MnO$_2$，并且在 24～48h 内保持晶相结构未发生改变，说明 β-MnO$_2$ 具有较好的稳定性。

　　图 7-17 为不同水热合成时间制备 nMnO$_2$ 的 SEM 图。从图 7-17（a）可以发现，当水热反应时间为 12h 时，产物颗粒总体团簇成球状，分布不均匀。放大观察后发现，团簇的颗粒形状与尺寸没有规律，表面粗糙，大部分团簇颗粒呈现类似棒状结构，但是分布非常琐碎，结合 XRD 的分析结果来看，可能是 γ-MnO$_2$；还有一部分尺寸相对较大的棒状结构，长度与直径也非常不均匀，应该是 α-MnO$_2$ 颗粒。图 7-17（b）为反应时间 24h 的产物，此时虽然颗粒还存在团聚、层叠的现象，但是整体分布趋向均匀。同时，颗粒表现出明显的棒状结构，大部分颗粒的形状尺寸比较均匀，长度在 300～800nm 之间，直径在 80～120nm 之间，但是产物中还存在一些长细的针状结构，这可能是由于反应时间不够，反应不充分导致的。从图 7-17（c）中发现，当反应时间延长到 48h 时，此时产物颗粒不存在团簇现象，分布非常均匀，与图 7-17（b）中产物相比，针状结构消失，颗粒全部为表面光滑的棒状结构，长度更长，为 0.6～1.3μm，直径变小，为 50～80nm。通过 XRD 的测试结果来看，48h 的产物已经全部转化为纯相的、稳定的 β-MnO$_2$ 颗粒。而 β-MnO$_2$ 正是所需要的，因为它的导电性比其他类型的 nMnO$_2$ 颗粒都高，更适合用作热电元件。综上来看，制备稳定的 nMnO$_2$ 颗粒需要足够的水热反应时间，低于 12h 的反应时间，产物非常不稳定；反应时间在 12～24h 时，β-MnO$_2$ 开始生成，但是反应不够彻底，结构纯净度不高；反应时间超过 24h 后，产物逐渐生成纯相的 β-MnO$_2$ 颗粒。

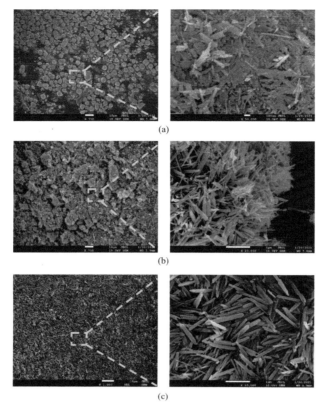

图 7-17　不同反应时间下 nMnO$_2$ 的 SEM 图

（a）12h；（b）24h；（c）48h

图 7-18 为反应时间 48h，水热反应温度分别为 120℃、160℃、180℃ 的 nMnO$_2$ 粉末

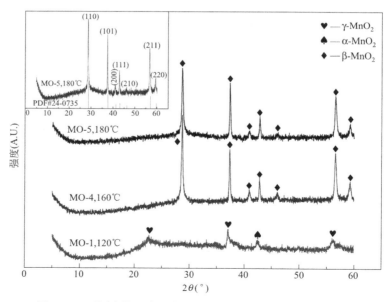

图 7-18　不同水热反应温度下 nMnO$_2$ 粉末的 XRD 衍射图谱

的 XRD 衍射图谱。可以看出，随着反应温度的上升，$nMnO_2$ 产物在 XRD 衍射图谱上表现出的规律与图 7-16 基本一致。当水热反应温度为 120℃时，样品的衍射峰位主要对应 γ-MnO_2（PDF♯44-0142）和少量 α-MnO_2（PDF♯44-0141）的特征衍射峰，衍射强度与结晶度同样不高；当水热反应温度上升到 160℃及 180℃时，样品的衍射峰位均对应纯相的 β-MnO_2（PDF♯24-0735）结构，但是仔细对比后发现，180℃的样品的衍射峰位强度相比较 160℃有略微下降，这是由于过高的热处理温度会导致 β-MnO_2 出现分解成 α-MnO_2 的趋势。由此可见，在反应时间充分的情况下，水热温度也需要进行控制，较低的温度无法充分催化水热反应生成纯相 β-MnO_2，而过高的温度则会使 β-MnO_2 分解。

图 7-19 为不同反应温度下 $nMnO_2$ 样品的 SEM 图。从图 7-19（a）中发现，当反应温度为 120℃时，颗粒团簇成球状并伴有堆叠的现象，大部分颗粒呈现出碎石状的分布，小部分颗粒为形状与尺寸极不规则的棒状结构，结合 XRD 分析及图 7-17（a）观察到的形貌，可以确定碎石状的团簇颗粒为 γ-MnO_2，不规则棒状晶体为 α-MnO_2。从图 7-19（a）、（b）中可以看出，当温度从 160℃上升到 180℃时，光滑的棒状结构表面变得粗糙，颗粒的平均直径减小，同时颗粒形貌及分布也开始变得不均匀。结合 XRD 分析结果来看，棒状结构为 β-MnO_2，同样证明了在过高的升温过程中，纯相 β-MnO_2 会出现分解及晶粒结

图 7-19　不同反应温度下 $nMnO_2$ 样品的 SEM 图

(a) 120℃；(b) 160℃；(c) 180℃

构退化的现象。

7.4.3 CNTs-CC 的导电性分析

图 7-20 为 CNTs-CC 的直流电导率随 CNTs 掺量的变化。纯水泥基体只能通过内部少量液相水中的离子（OH^-、Ca^{2+} 等）和未水化完全的胶凝颗粒中的电子（钙、铁等的化合物）导电，导电性能较差，相应电导率只有 4.67×10^{-5} S/cm。而 CNTs 管壁层间为 π 电子结构，存在大量端口缺陷，使其具有空穴及 π 电子导电的能力。掺 0.1wt.% 的 CNTs 使得复合材料的电导率达到 1.2×10^{-4} S/cm，相比较纯水泥试件提高了 1 个数量级。此时 CNTs 在基体中的掺量较低，没有形成完整的搭接网络，CNTs 的场发射效应引起的隧穿现象为主要的导电机制。当 CNTs 掺量超过 0.1wt.% 后，在图中观察到明显的渗流现象，掺 0.2wt.% CNTs 的 CNTs-CC 的电导率突变为 4.3×10^{-3} S/cm，这意味着 CNTs 在水泥基体中的渗流阈值出现在 0.1wt.%～0.2wt.% 的区间内。浓度的提高使得 CNTs 开始搭接成导电网络，渗流作用逐渐成为主要的导电机制。当 CNTs 掺量继续增加，电导率开始变得平缓，甚至出现稍许下降的趋势，这是由于 CNTs 在水泥基体中搭接成稳定的导电网络，CNTs-CC 成为良好的导体，继续掺加 CNTs 不会再对电导率产生贡献，反而会由于浓度的提高使得 CNTs 在基体中极易团聚影响复合材料的性能。

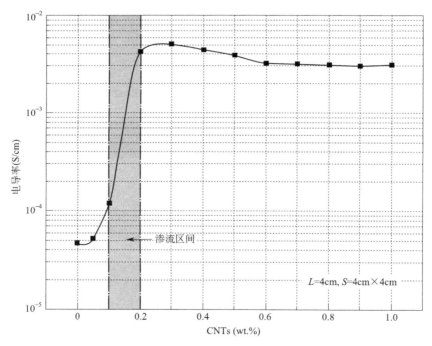

图 7-20 CNTs-CC 的直流电导率与 CNTs 掺量的关系曲线图

AC 阻抗值测试的优势在于可以有效消除电极处的接触电动势及极化问题，使得测试过程更加稳定。原理依旧采用欧姆定律，不同之处在于交流电激励下的阻抗值包含电阻、容抗和感抗。在水泥基体系中，感抗的作用较弱可以忽略，等效电路模型可以简化为电阻与电容的串并联。从图 7-21 中可以发现，阻抗值随频率的增加分成了两个阶段。当频率在 50～120Hz 时，各掺量 CNTs-CC 试件的阻抗值随频率上升有微弱下降趋势，较低的频率使得电容并不敏感，而 CNTs 的掺入使得阻抗实部部分的电阻值有了明显的下降，尤其是 0.2wt.％的 CNTs 效果最为明显，这与直流电测试结果一致。当频率从"Hz"段切换到"kHz"段，阻抗值总体发生了明显的突变，这可能是由于切换过程中 LCR 内部电路发生重组，增加了电感部分。随后阻抗值随着频率的上升而出现明显的下降趋势，原因在于随着频率的上升，电容开始对频率敏感，高频使得电容接近导通状态，容抗明显降低。虽然含 1.0wt.％ CNTs 的 CNTs-CC 试件的阻抗值在高频阶段随频率变化下降趋势更明显，但总体来看，0.2wt.％掺量下的 CNTs-CC 能够在各频率阶段均表现出较低的阻抗值，结合伏安法中的测试结果，在后续制备 CMCC 的试验中，将采用 0.2wt.％作为 CNTs 的标准掺量。

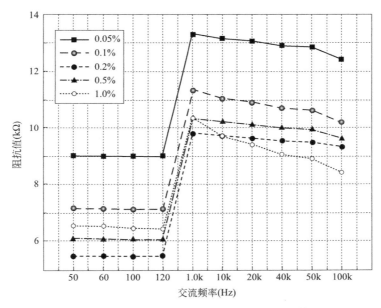

图 7-21　不同频率下 CNTs-CC 的 AC 阻抗值

7.4.4　水泥基复合材料抗压/抗折强度测试结果分析

　　CNTs 的抗拉、抗折强度可以分别达到 50GPa 和 10GPa，已有大量研究将其用于水泥基复合材料的增韧组分。然而，$nMnO_2$ 的掺入对水泥基体系力学相关的影响还是未知的，前期推断 $nMnO_2$ 的强氧化性可能会影响水泥的水化反应，削弱强度的养成。因此，本章分别对标准养护 28d 的 $nMnO_2$-CC 和 CMCC 试件的抗压/抗折强度进行了测试，如图 7-22 和图 7-23 所示。

　　从图 7-22 中可以看出，少量 $nMnO_2$ 的掺入（0.5wt.％～1.5wt.％）对试件抗压强度的影响不大，抗压强度在 50MPa 上下波动。当 $nMnO_2$ 的掺量超过 1.5wt.％时，$nMnO_2$-CC 的抗压强度出现明显下降趋势，相比较纯水泥砂浆试件，5.0wt.％掺量下 $nMnO_2$-CC 试件的抗压强度下降幅度最大，为 6.8％。但是，当在各 $nMnO_2$-CC 试件的基础上掺加 0.2wt.％CNTs 后，CMCC 的抗压强度总体得到了明显提高，提升幅度最大为 13.6%。CMCC 的抗压强度在 $nMnO_2$ 的掺量超过 1.5wt.%时也表现出同样的下降趋势，但最低也只下降为 51.3MPa，仍能保证复合材料的本征强度，满足应用于工程结构中的抗压强度要求。

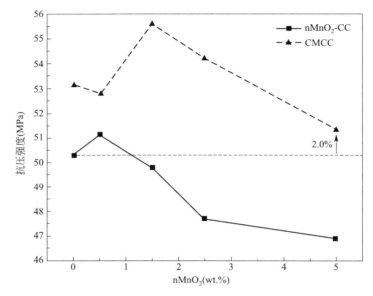

图 7-22　$nMnO_2$-CC 与 CMCC 试件的抗压强度随 $nMnO_2$ 掺量的变化

图 7-23 为 $nMnO_2$-CC 和 CMCC 试件的抗折强度随 $nMnO_2$ 掺量变化的趋势，该图反映出：$nMnO_2$-CC 和 CMCC 试件的抗折强度也均表现出随 $nMnO_2$ 增加而下降的趋势，但是，CNTs 的加入显然能够帮助 CMCC 的抗折强度提高到比较健康的状态，相比较 $nMnO_2$-CC 试件，平均增幅超过 20%。因此，即便是混掺 5.0wt.%的

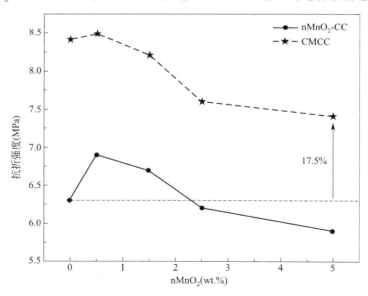

图 7-23　$nMnO_2$-CC 与 CMCC 试件的抗折强度随 $nMnO_2$ 掺量的变化

$nMnO_2$ 后，CMCC 试件的抗折强度也能达到 7.4MPa，超过纯水泥砂浆 17.5%。而这主要得益于 CNTs 桥接作用，CNTs 较高的长径比和拉伸韧性使其能够跨越裂缝起到网络和连接效果，保证了水泥基体在裂缝发展时的荷载传递，提高了试件的弯曲韧性。

7.4.5　水泥基复合材料抗氯离子渗透性能测试结果分析

非稳态氯离子迁移系数 D_{RCM} 能够反映出试件的抗氯离子渗透能力，D_{RCM} 越小代表试件抵抗氯离子侵蚀的能力越强，从一定层面上能够表征材料的耐久性能，是海工结构重要的性能参数指标。本节通过 RCM 法对龄期为 28d 的纳米改性砂浆进行抗氯离子渗透性能测试，如图 7-24 所示。从图中可以看出，针对 $nMnO_2$-CC 试件，随着 $nMnO_2$ 掺量的增加，D_{RCM} 出现持续上升的趋势，相比较空白试件，$nMnO_2$ 掺量为 5.0wt.% 的水泥砂浆试件的 D_{RCM} 值上升了约 29.3%。目前，还没有针对性研究对该现象进行说明，作者结合相关纳米类功能填料的研究分析来看，现有研究普遍认同孔隙分布及结构是影响水泥基复合材料抗氯离子渗透能力的主要因素，而 $nMnO_2$ 作为一种易氧化的金属氧化物，加入水泥基体中很有可能与水化体系存在不相容性，影响水泥水化过程，削弱了复合材料的致密性。

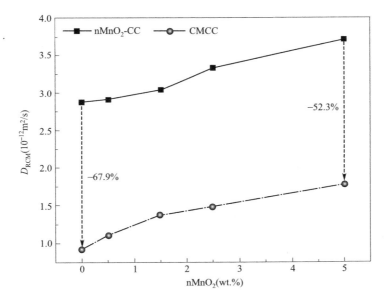

图 7-24　CMCC 的非稳态氯离子迁移系数 D_{RCM}

但是，CNTs 的加入显然对 $nMnO_2$-CC 试件的抗氯离子侵蚀能力有了显著的提升，相比较不同 $nMnO_2$ 掺量下的水泥基复合材料，掺加 0.2wt.%CNTs 后 CMCC 试件的 D_{RCM} 值平均降幅为 60%。仅添加 0.2wt.%CNTs 的水泥基复合材料的 D_{RCM} 最低，约为 $0.92×10^{-12}$ m^2/s，相比较纯水泥砂浆降低了 67.9%，这说明 CNTs 能够显著增强水泥基体的抗氯离子渗透能力。随着 $nMnO_2$ 含量的增加，CMCC 试件的 D_{RCM} 值也表现出与 $nMnO_2$-CC 相同的走势，但是最高也只升高到 $1.77×10^{-12}$ m^2/s，仍低于纯水泥和 nMnO$_2$-CC 试件 50% 左右。CNTs 对水泥基体抗氯离子渗透能力的提升来源于多个方面：首先，CNTs 具有成核效应，为 C-S-H 凝胶提供成核点，同时 CNTs 管壁能够吸附钙离子帮助 C-S-H 凝胶生成，使其极易附着在 CNTs 表面生成，而 C-S-H 凝胶对氯离子具有物理吸附能力，降低了氯离子对水泥基体的持续深入侵蚀；其次，CNTs 能够提高水泥水化热和水化速率，改善水化产物形貌，使得水泥基体更加密实；然后，CNTs 对水泥基体中的微裂缝、微孔隙具有填充作用，提高基体密实性的同时限制了有害离子的持续侵蚀，并且优异的长径比和抗拉强度能在基体中发挥桥联效果，有效延缓微裂缝的产生和发展；最后，CNTs 具有场发射效应，当其相互不搭接时，管壁间能形成电容器效应，阻碍氯离子的侵蚀性传输，提高了水泥基体抗离子侵蚀能力。

7.4.6 水泥基复合材料综合热分析

为研究 CNTs 和 nMnO$_2$ 的掺入对水泥基体水化过程的影响，分别对水化龄期为 3d 和 28d 的 CMCC 试件进行综合热分析，结果如图 7-25、图 7-26 所示。从上述两图中可以发现，无论水化龄期是 3d 还是 28d，掺有纳米功能填料的 CMCC 试件呈现出与纯水泥基体同样数量及位置的吸热峰，这说明 CNTs 和 nMnO$_2$ 的掺入没有与基体材料成分发生反应生成新的产物。根据现有研究成果来看，水泥浆体的 TG 曲线大致可以分为三个阶段：脱水（Ldh，为 100~350℃）、脱羟基（Ldx，为 400~550℃）和脱碳化（Ldc，600℃后）阶段。Ldh 主要与结合水的流失以及水化硅酸钙凝胶（C-S-H）、钙矾石（AFt）等水化物的分解有关，Ldx 与 Ca(OH)$_2$ 的流失有关，Ldc 则与碳化产物 CaCO$_3$ 的分解关联。硫铝酸盐水泥的主要水化产物为 C-S-H、AFt 和铝胶（AH$_3$），C-S-H 的吸热峰约在 105℃，AFt 的吸热峰在 100~150℃，AH$_3$ 的吸热峰出现在 210~300℃，另外，CaCO$_3$ 的吸热峰会出现在 650~750℃。从图 7-26 中看出，四组试件在 Ldh 阶段均出现了两个明显的吸热峰，分别对应以 C-S-H 和 AH$_3$ 为代表的质量损失和脱水。Ldc 阶段均出现了一个明显的吸热峰，可确定为 CaCO$_3$。

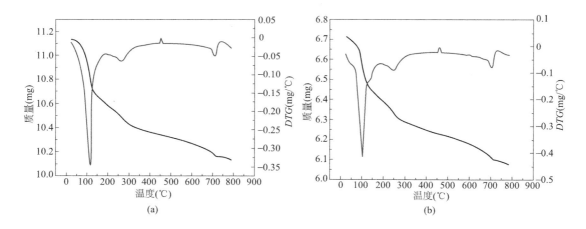

(a)　　　　　　　　　　(b)

图 7-25　3d 龄期的 CMCC 试件的 TG 曲线

（a）空白组；（b）0.2wt.%CNTs＋5.0wt.%nMnO$_2$

为进一步考察 CNTs 和 nMnO$_2$ 的掺入对水泥原有水化产物的影响，将各龄期下 CM-CC 试件的 *DTG* 曲线进行对比，结果如图 7-27 所示。本次测试中，分别代表 C-S-H、AH$_3$ 和 CaCO$_3$ 的三个吸热峰在不同水化龄期的位置基本一致，只是 C-S-H 和 AH$_3$ 在温区宽度上稍有差别。在水化初期，掺加 CNTs 和 nMnO$_2$ 后 *DTG*（微分热重）曲线吸热峰的峰值要略高于空白组，这意味着相应产物的含量增加，而在水化后期以 C-S-H 为代表的吸热峰的峰值差距更明显，意味着含有 CNTs 和 nMnO$_2$ 的 CMCC 试件的 C-S-H 要明显多于空白组。而 C-S-H 与水泥基材料的强度和抗渗性能等基础物化指标成正相关，这也从一定程度上解释了同时含有 CNTs 和 nMnO$_2$ 的 CMCC 试件的强度和抗氯离子渗透性能略高于空白组的原因。结合现有研究分析来看，这很有可能是 CNTs 和 nMnO$_2$ 在水泥基体中起到了物理成核作用，为水化产物形成提供了成核点，增加了水化产物增长的空间和面积。除此之外，有学者还发现 CNTs 能够提高水泥水化热，这说明 CNTs 能够促进水泥水化反应，加快水化速度。

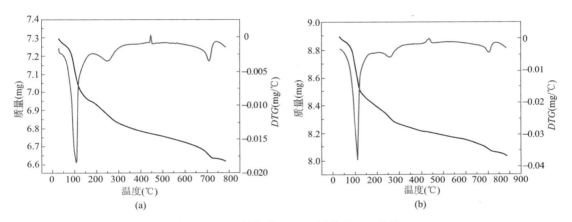

图 7-26　28d 龄期的 CMCC 试件的 *TG* 曲线

（a）空白组；（b）0.2wt.%CNTs+5.0wt.%nMnO$_2$

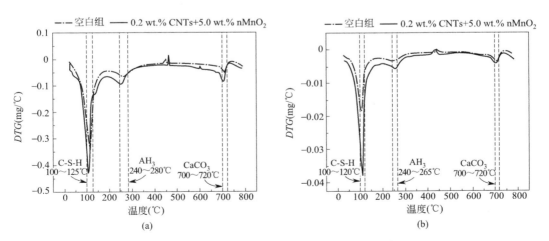

图 7-27　不同龄期下 CMCC 试件的 *DTG* 曲线

（a）3d；（b）28d

7.4.7 水泥基复合材料热电性能测试结果分析

（1）电导率

图 7-28 为纳米改性砂浆 CMCC 的电导率随 nMnO$_2$ 掺量变化的趋势图。从图中可以发现，在掺加 0.2wt.% CNTs 的基础上，CMCC 的电导率随着 nMnO$_2$ 掺量的增加而逐渐升高，但是总体而言，nMnO$_2$ 对 CMCC 电导率的提升幅度并不大，含 5.0wt.% nMnO$_2$ 的 CMCC 的电导率为 $5.1×10^{-3}$ S/cm，相比较纯 CNTs-CC 也只提高了 18.6%，而这也极有可能是得益于 CNTs 的帮助。事实上，根据现有的研究成果来看，nMnO$_2$ 作为一种半导体对水泥基体导电性能的提升并不明显，而 CMCC 试件含有 0.2wt.% 的 CNTs，该掺量下的 CNTs 能够在基体中构成完整搭接的导电通路，使得水泥基复合材料形成良好的导电环境。

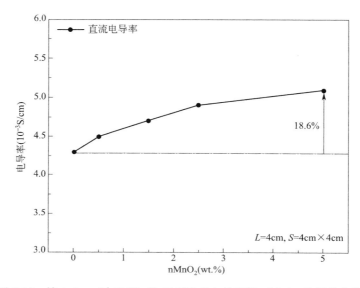

图 7-28　掺 0.2wt.% CNTs 的 CMCC 的电导率随 nMnO$_2$ 掺量的变化

（2）热电性能

温差可以驱动热电材料产生温差电压，图 7-29 为不同 nMnO$_2$ 质量分数下 CMCC 的温差电压与温差的关系。从图中可以看出，未掺入 nMnO$_2$ 时，CNTs-CC 在温差作用下只表现出微弱的电位差，这是因为 CNTs 本身 Seebeck 系数的量级比较低，温差驱动电压的作用较弱。而 nMnO$_2$ 的掺入使得温差电压发生明显的突变，这说明 nMnO$_2$ 作为热电元件对水泥基体的热电性能发挥了主要作用。CMCC 试件的温差电压随温差升高而线性增加，这是由于基于 CNTs 创造出的良好导电环境，热能可以有效激发载流子的迁移效率。同时，发现掺有 nMnO$_2$ 试件的曲线斜率明显提高，表明 nMnO$_2$ 的掺入使得水泥基复合材料对温差的敏感性增强。

图 7-30 是在 20 ℃的温差下，纳米改性砂浆 CMCC 的 Seebeck 系数与 nMnO$_2$ 掺量变化的关系。从图中可以发现，添加 nMnO$_2$ 对水泥基复合材料 Seebeck 系数的提高是非常显著的，这直接反映出对 Seebeck 效能的优化。当仅添加 0.2wt.% 的 CNTs 时，CNTs-

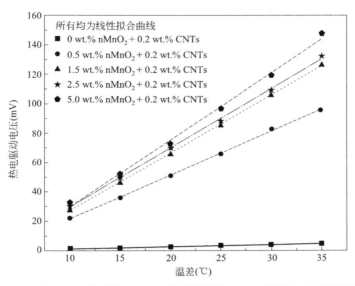

图 7-29　掺 0.2wt. ％ CNTs 的不同 nMnO$_2$ 质量分数下 CMCC 的温差电压随温差变化趋势图

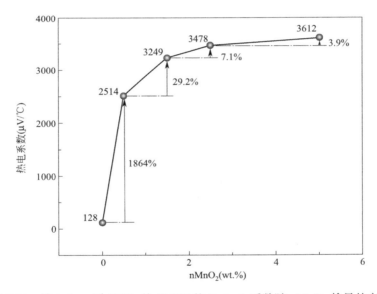

图 7-30　掺 0.2wt. ％ CNTs 的 CMCC 的 Seebeck 系数随 nMnO$_2$ 掺量的变化

CC 的 Seebeck 系数约为 128μV/℃，量级相对较低。而在此基础上添加 0.5wt. ％ 的 nMnO$_2$ 水泥基复合材料的 Seebeck 系数猛然提高到了 2514μV/℃，提升幅度达 1864％，并且该数值也比现有研究中关于纯 nMnO$_2$-CC 的 Seebeck 系数高出一倍多，这说明本篇开始的预想是可以实现的，CNTs 与 nMnO$_2$ 能够在水泥基体中发挥导电和热电互补的作用，对 Seebeck 效应有一个质的提升。当 nMnO$_2$ 的掺量为 1.5wt. ％时，CMCC 的 Seebeck 系数提高到 3249μV/℃，但是提升幅度减缓为 29.2％。同样的现象也发生于 nMnO$_2$ 掺量分别为 2.5wt. ％ 和 5.0wt. ％时，两者的 Seebeck 系数分别为 3478μV/℃ 和 3612μV/℃，但是提升幅度仅为 7.1％和 3.9％。分析其原因：首先，较高的 Seebeck 系数得益于 CNTs 创造出较好的导电环境以及 $nMnO_2$ 提供丰富的载流子，同时纳米化后的材料容易引起量子约束效应，能够提高费米能级附近的能量梯度，进一步增强 Seebeck 效能。但是，Seebeck 效应还依赖于基体结构的紧密性，结构越致密，Seebeck 系数越稳定。在本节测试中，当 $nMnO_2$ 的掺量超过 0.5wt.％后，CMCC 的 Seebeck 系数增长幅度出现持续下降的趋势，极有可能是过多的 $nMnO_2$ 会与硫铝酸盐水泥基体系的兼容性降低，限制 Seebeck 效能的持续增长。因此，在实际应用过程中，应在考虑综合效能的基础上，对 $nMnO_2$ 的用量进行控制。

（3）热电功率

热电功率能进一步反映材料的热电转化效率，图 7-31 为纳米改性砂浆 CMCC 随 $nMnO_2$ 掺量变化的热电功率因数 P_F。从图中可以发现，CNTs-CC 的 P_F 较低，可以忽略不计，当 $nMnO_2$ 掺量为 0.5wt.％时，P_F 提高到 $2.84\mu Wm^{-1}℃^{-2}$，相比较 CNTs-CC 提高了 2 个数量级。$nMnO_2$ 掺量继续增加到 1.5wt.％、2.5wt.％和 5.0wt.％时，P_F 值也保持持续增长趋势，分别达到了 $4.96\mu Wm^{-1}℃^{-2}$、$5.93\mu Wm^{-1}℃^{-2}$ 和 $6.65\mu Wm^{-1}℃^{-2}$。基于如此之高的 P_F 值分析其原因：根据 P_F 的定义不难发现其与电导率和 Seebeck 系数成正比，但事实上材料中的电导率和 Seebeck 系数存在相互"制约"的现象，高导电性会削弱热电性能。而在 CMCC 复合材料体系中，则充分发挥了 CNTs 优异的导电性和 $nMnO_2$ 显著的热电性能，使得前者对后者的削弱效果基本可以忽略不计，从而使得 P_F 达到非常高的数量级，充分提高了复合材料的热电转化效率。

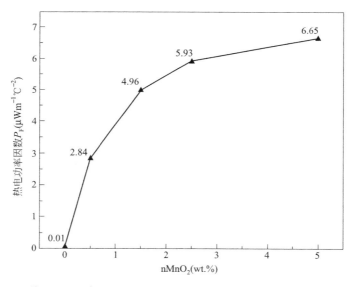

图 7-31　掺 0.2wt.％ CNTs 的 CMCC 随 $nMnO_2$ 掺量变化的热电功率因数

7.5　本章小结

本章基于良好分散的 CNTs 制备 CNTs-CC，通过导电性测试确定 CNTs 的渗流阈值。利用 $MnSO_4$ 和（NH_4）$_2S_2O_8$ 的氧化还原反应，通过控制水热合成法的反应时间和温度制备纯相 nMnO$_2$，将其作为热电功能相与 CNTs 复合掺入水泥砂浆中，用以制备高功率纳米改性热电砂浆 CMCC。研究了 CNTs 与 nMnO$_2$ 的掺入对水泥基体的基础物化性能指标及热电性能的影响，得出以下结论：

（1）利用 PVP 表面活性剂结合探头式超声处理能够实现 CNTs 在水性溶液中的良好分散，通过 UV-vis 光谱法测试确定质量分数为 0.1wt.％的 PVP 浓度为最佳用量。

（2）CNTs 作为纳米导电填料可以在水泥基体中创造优异的导电环境，当 CNTs 的掺量为 0.2wt.％时，CNTs-CC 电导性最佳，可将其作为渗流阈值用作后续测试的标准掺量。

（3）当水热反应温度为 160℃，随着反应时间的延长，反应产物逐渐形成颗粒尺寸均匀、分布平均的形貌，并在 48h 时形成表面光滑的棒状结构，长度为 0.6～1.3μm，直径为 50～80nm，晶相结构表征结果也确定其为纯相 β-MnO$_2$；控制水热反应时间为 48h，当水热反应温度从 120℃升高到 160℃时，反应产物的晶相结构从 γ-MnO$_2$ 和 α-MnO$_2$ 转变为纯相 β-MnO$_2$，形成表面光滑的棒状结构，但是当温度继续升高到 180℃，β-MnO$_2$ 会出现分解及晶粒结构退化的现象。

（4）nMnO$_2$ 的掺入对水泥基体的抗压/抗折强度有一定削弱作用，但是将其与 0.2wt.％的 CNTs 复合掺入水泥基体中时，CNTs 的力学增韧作用会提高水泥基复合材料整体力学强度，含有 0.2wt.％ CNTs 和 5.0wt.％ nMnO$_2$ 的 CMCC 试件的抗压/抗折强度最低也能分别达到 51.3MPa 和 7.4MPa。

（5）nMnO$_2$ 的加入对水泥基体抗氯离子渗透能力有一定的削弱，D_{RCM} 随 nMnO$_2$ 的增加而逐渐提升。当 nMnO$_2$ 与 0.2wt.％的 CNTs 复合掺入水泥基体中时，复合材料的 D_{RCM} 降低了约 60％，保证了 CMCC 试件相对健康的抗氯离子渗透能力。

（6）CNTs 和 nMnO$_2$ 的掺入并没有改变水泥水化产物的类型，但是却提高了水泥基复合材料在 3d 和 28d 龄期的水化程度，以 C-S-H 为代表的水化产物含量增加。

（7）CMCC 纳米改性热电砂浆的 Seebeck 性能随 nMnO$_2$ 掺量的增加而显著加强，当 nMnO$_2$ 的掺量为 5.0wt.％时的电导率、Seebeck 系数、热电功率因数可分别达到 5.1×10^{-3} S/cm、3612μV/℃、6.65μWm^{-1}℃$^{-2}$。能够获得高量级的 Seebeck 性能，主要是因为 CNTs 创造出良好的导电环境以及 nMnO$_2$ 提供了丰富的载流子，使得 CMCC 的热电转化效率得到显著增强。

第 8 章 纳米改性热电砂浆对海工结构的阴极防护性能研究

8.1 引言

阴极保护技术是国际公认的相对有效的金属防腐蚀技术，尤其适用于氯盐侵蚀引起孔隙液 pH 值下降，造成钢筋钝化膜失稳或破坏的情况，包括牺牲阳极的阴极保护和外加电流的阴极保护。由于混凝土材料较高的内阻，牺牲阳极产生的驱动电压较低，很难提供给结构有效的保护电流。外加电流的保护手段则具有驱动电压与保护电流连续可控、受混凝土电阻影响较小等优势。但是，在沿海及偏远地区，直流电源保护系统的架设及后期的维护等问题限制了上述阴极保护方法的应用。

第 7 章中开发的纳米改性热电砂浆（CMCC）具有非常优异的热电性能，利用其高效的热电转换效率建立温差发电系统，用作钢筋混凝土结构阴极防护的电流供给源，能够有效解决传统外加电流式阴极保护技术的弊端。本章利用第 7 章中制备的 CMCC 试件组装成水泥基热电发电模块，将其作为阴极保护系统的发电源，模拟海洋环境下的氯盐侵蚀条件，分别采用腐蚀电位法、极化曲线法、交流阻抗法评价其钢筋腐蚀防护效果，探究基于纳米改性热电砂浆 Seebeck 效应的钢筋阴极保护系统工程应用的可行性。

8.2 试验原材料与仪器

本章节主要的测试对象为 CMCC，试件制备原材料和流程同第 7 章 7.3.4 节。除此之外，还主要用到化学药品 NaCl、KOH、NaOH 和 Ca（OH）$_2$，分析纯，购自国药集团化学试剂有限公司，用于配制混凝土模拟孔隙液及氯盐侵蚀介质；规格为 $10mm \times 10mm \times 10mm$ 的块状 Q235 钢筋，购自山东省阳信县晟鑫科技有限公司，其主要化学成分见表 8-1。

Q235 光圆钢筋主要化学成分 表 8-1

成分	C	Si	Mn	Cu	S	P	Fe
含量(%)	0.22	0.53	1.44	0.019	0.017	0.02	97

钛网，购自路达丝网有限公司，用作辅助阳极。测试过程中主要使用的仪器为 CS2350H 型双恒电位仪，购自武汉科思特仪器股份有限公司，将其作为电化学工作站对工作电极的腐蚀情况进行采集，仪器如图 8-1 所示。

图 8-1　电化学测试用 CS2350H 型双恒电位仪

8.3　基于热电砂浆发电的阴极保护系统建立

8.3.1　水泥基热电砂浆发电模块及系统建立

由于实际工程混凝土结构的体量较大，在实验室中实现足尺测试试件的难度较大，同时为保证产生的温差保护电流对工作电极足够有效，考虑将多个 CMCC 试件进行串联。结合 §7.4.7 中关于 CMCC 试件 Seebeck 系数及热电功率的测试结果，选用 16 个掺 0.2wt% CNTs 和 5.0wt.% $nMnO_2$ 的 CMCC 试件，用铜导线进行正负极串联组成水泥基热电发电模块（热端为负极，冷端为正极），图 8-2 为组装示意图。经初步计算，当冷热两端的温差为 20℃时，该发电模块能确保产生 1V 以上的温差电压。

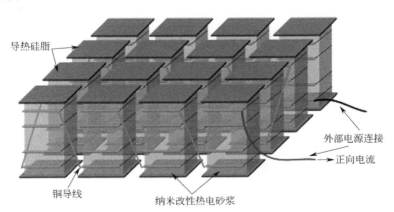

图 8-2　纳米改性水泥基热电发电模块组装示意图

热电发电系统主要通过恒温水浴锅实现试件一端的精准升温并控制另外一端保持室温状态，从而创造冷热两端的温差环境。本节测试中，将水泥基热电发电模块竖置于恒温水浴锅上，以 0.1℃/s 的速度升温加热，模块上端放置冷却水以保证其温度保持在室温状态，在试件与水浴锅及冷却水的接触端均匀涂抹一层导热硅脂以减小接触热阻，并通过 K 型热电偶监测冷热两端温差，以保证其维持在 20±3℃ 范围内。

8.3.2　阴极保护系统设计

（1）工作电极

本次电化学测试选用的工作电极为块状 Q235 钢筋，将其一个侧面作为腐蚀工作面与腐蚀介质接触，腐蚀面积为 $1cm^2$。测试前需对钢筋进行预处理：首先利用无水乙醇和超声波清洗去除钢筋表面油渍，干燥后与铜导线焊接。确定钢筋的一个面作为工作电极的测试面，其他面则用环氧树脂密封于塑料套管内。待密封固化后，分别用 400 号、600 号、800 号、1000 号的砂纸对工作面进行逐级打磨，保证电极工作面的光滑。清洗干燥后，用密封胶对钢筋与环氧树脂的接触界面进行填充，防止腐蚀介质的渗入对钢筋其他面产生腐蚀。

（2）混凝土模拟孔隙液

混凝土结构中钢筋的腐蚀情况与其接触的混凝土孔隙液密切相关，为模拟钢筋在混凝土中高碱性的服役环境（pH≈12.5），用浓度为 0.6mol/L 的 KOH 结合 0.2mol/L 的 NaOH 和 0.001mol/L 的 $Ca(OH)_2$ 配制混凝土模拟孔隙液，通过向溶液中添加去离子水将其 pH 值调整至 12.5 左右。同时，为模拟海工结构中氯离子侵蚀环境，在上述模拟孔隙液中添加 3.5wt.% 的 NaCl，组成含腐蚀介质的混凝土模拟孔隙液，简称腐蚀模拟液（Corrosion Simulation Fluid，CSF）。

（3）阴极保护系统

阴极保护的原理归根结底是施加电子作用于金属，抑制金属腐蚀时发生的电子迁移，削弱阳极极化。根据这一机制，在本节测试中，热电发电系统的热端为电子迁出端，即负极，将其与工作电极连接。为在保护系统中构成回路，冷端作为正极与钛网（辅助阳极）连接，并将工作电极与钛网置于 CSF 溶液中，确保测试过程两者不发生接触，示意图如图 8-3 所示。

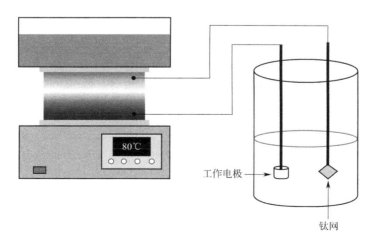

工作电极

钛网

图 8-3　钢筋阴极保护系统设计示意图

8.4　阴极防护效果评测方案

8.4.1　考虑阴极防护系统的电化学测试装置设计

为研究水泥基热电发电系统对腐蚀钢筋的阴极保护效果，分别对自然腐蚀状态和施加阴极保护后钢筋的电化学行为进行测试。其中，自然腐蚀组（Natural Corrosion，代号为 CSF-NC）是不设置阴极保护系统的对照组，让工作电极在腐蚀介质中自然腐蚀；阴极保护组（Cathodic Protection，代号为 CSF-CP）则将工作电极与热电发电系统连接，进行外加电流式的阴极保护。两组测试组的电解质溶液均为 CSF 溶液，测试温度均为 23±2℃。

在电化学测试中，CSF-NC 组采用传统的三电极体系，腐蚀钢筋为工作电极，参比电极为饱和甘汞电极（SCE），对电极为铂电极（10mm×10mm），分别与 CS2350H 型双恒电位仪对应接线相连，测试示意图及实物布置图如图 8-4 所示。在该体系中，工作电极与参比电极和对电极分别构成回路，起到测试工作电极电化学反应和形成电子传输回路的作用。CSF-CP 组则采用一种类四电极体系，在三电极体系的基础上添加了辅助阳极（钛网），目的是使阴极保护系统在电解质溶液中构成回路，与电化学工作站的连接方式同三电极体系，测试示意图及实物布置图如图 8-5 所示。测试开始前，需将工作电极浸泡于 CSF 溶液中 30min，使其腐蚀电位达到稳定。

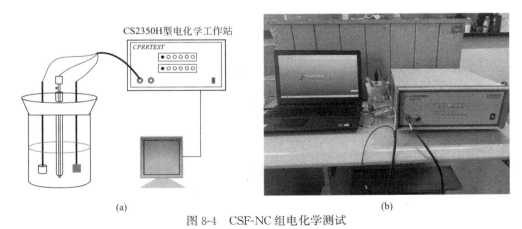

图 8-4　CSF-NC 组电化学测试

（a）示意图；（b）实物布置图

8.4.2　电化学测试方法

（1）腐蚀电位法

通常情况下，当钢筋表面钝化状态发生破坏开始锈蚀的时候，其自然电位要比破坏前更低。腐蚀电位法则是利用这一原理，通过监测钢筋表面与参比电极之间形成的电位差，判定钢筋的锈蚀状态。当钢筋在腐蚀介质中发生锈蚀，其腐蚀电位会持续负移，即腐蚀电位越负，越容易被腐蚀。根据腐蚀电位所处电位区间，可判断钢筋的腐蚀状态。表 8-2 为美国《混凝土中未涂层钢筋腐蚀电位的标准试验方法》ASTM C876—2009 给出的针对

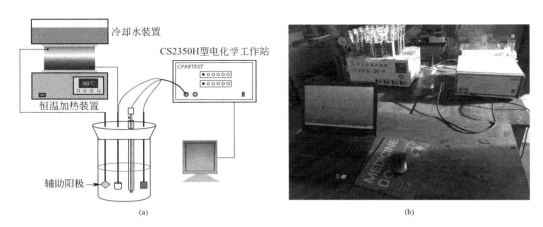

图 8-5　CSF-CP 组电化学测试
(a) 示意图；(b) 实物布置图

SCE 体系下不同腐蚀电位区间的腐蚀状态。

在本阶段测试中，针对不同腐蚀龄期，测试了 CSF-NC 组钢筋自然腐蚀状态下的自腐蚀电位，以及 CSF-CP 组钢筋在阴极保护状态下的保护电位，从而判定阴极保护系统是否能够降低腐蚀概率。

钢筋腐蚀状态判定标准　　　　　　　　　　　　　　　　　表 8-2

参照标准	电位区间(mV vs SCE)	腐蚀概率(%)
美国 ASTM C876—2009	＞−126	5
	−276～−126	50
	＜−276	90

（2）Tafel 极化曲线法

腐蚀电位法测定腐蚀电位只能从热力学角度定性判定钢筋发生腐蚀的趋势，Tafel 极化曲线法则是一种能够测定腐蚀电流密度 I_{corr} 的电化学技术，可以从动力学角度定量表征钢筋的腐蚀速率。该方法主动对金属施加强度较大的扰动电位，通过动电位扫描得到阴阳极的极化曲线，利用强极化区的电位与电流密度的对数存在线性关系，可以推出金属腐蚀的 I_{corr}，直观反映出金属腐蚀速率。本次测试动电位扫描范围为腐蚀电位 ±300mV 的区间内，扫描速率为 1mV/s。

（3）电化学阻抗谱法

电化学阻抗谱（Electrochemical Impedance Spectroscopy，EIS）是一种非破坏性的暂态频谱电化学分析技术，在钢筋混凝土腐蚀防护研究中广泛应用。EIS 的工作原理是对平衡状态下的电化学体系施加小幅度的正弦电压或电流信号，使其保持稳态的基础上获得扰动激励，通过采集仪器对扰动信号与响应信号之间的相位角、频率等信息关系进行分析，得到电化学体系的频率响应函数，从而获得内部腐蚀反应信息。相比较腐蚀电位和速率测试，EIS 的优势在于几乎不改变电化学系统的平衡，但是却能快速获得体系内部电荷传递、离子扩散等过程的有效信息。

本篇 EIS 测试扫描初始电位为开路电位，扫描频率范围为 $1.0×10^{-2}～1.0×10^{5}$ Hz，电压振幅为 10mV。利用 EIS 测试获得 Nyquist 图和 Bode 图，通过 ZView 2 商用拟合软件结合等效电路对电化学系统变化进行参数化处理，实现钢筋腐蚀反应机理及动力学过程的定量描述。

8.5　研究结果与讨论

8.5.1　腐蚀电位法测试结果及分析

图 8-6 为两组测试钢筋的腐蚀电位随腐蚀龄期变化的关系图。从图中可以发现，两组测试钢筋浸泡在 CSF 溶液 30min 后的初始腐蚀电位基本一致，在−450mV 左右。而随着时间的推移，两组试件腐蚀电位的发展趋势发生了明显区别：CSF-NC 钢筋前 10d 的自腐蚀电位在−470～−500mV 的范围内波动，而时间超过 10d 后，该电位值开始产生明显的负移趋势，并在 17d 时达到了−603mV，最终在该范围内持续波动。这说明在前 10d，钢筋钝化膜还处在比较稳定的状态，随着腐蚀时间的延长，钝化膜在 Cl⁻ 侵蚀下开始破坏，钢筋发生锈蚀的倾向越来越显著。根据 ASTM C876—2009 腐蚀状况的判定标准，未进行阴极保护的 CSF-NC 组钢筋在整个 21d 的腐蚀龄期内，其腐蚀概率一直大于 90%。CSF-CP 组钢筋的初始腐蚀电位为−447mV，施加阴极保护 1d 后就发生明显正移，之后随着时间推移腐蚀电位一直保持上升趋势，并在第 5d 达到−275mV，根据 ASTM C876—2009 标准，该腐蚀电位值已经进入腐蚀概率为 50% 的区间，最终 CSF-CP 钢筋的腐蚀电位维持在−200mV 左右。综上来看，进行阴极保护后钢筋腐蚀电位的代数值明显大于未保护钢筋，这说明前者的抗腐蚀能力更强。同时，经过阴极保护钢筋的腐蚀电位随着时间发展趋势是正向的，电位值更易进入腐蚀概率较低区间。若在本篇基础上继续串联 CMCC 试块，极有可能使得腐蚀电位超过−126mV，进一步大幅度降低腐蚀概率。

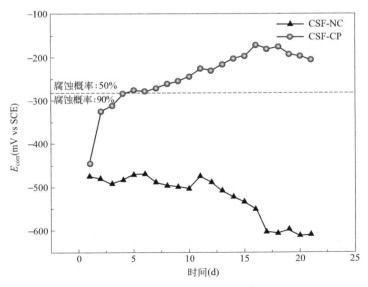

图 8-6　两组测试钢筋的腐蚀电位随腐蚀龄期变化的关系图

8.5.2 极化曲线法测试结果及分析

利用电化学工作站对腐蚀龄期为 21d 的 CSF-NC、CSF-CP 两组钢筋进行动电位扫描，结果如图 8-7 所示。

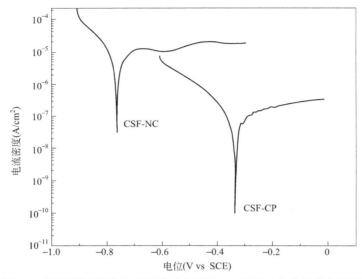

图 8-7　两组测试钢筋在 CSF 溶液中浸泡 21d 后的动电位极化曲线图

相比较未经过阴极保护的 CSF-NC 组钢筋，CSF-CP 组钢筋的腐蚀电位有明显的正移，钢筋耐蚀性得到有效改善，这与第 8.5.1 节的测试结果一致。但是，从动电位极化曲线中观察到的腐蚀电位与腐蚀电位法得到的结果粗略估计有 250mV 左右的偏差，这是由于在动电位扫描过程中，首先进行的阴极极化会产生极化产物附着在金属表面，影响阳极极化过程，从而使得极化曲线中的腐蚀电位发生一定偏离。从图中还可以发现，CSF-CP 组钢筋阴、阳极的腐蚀电流密度都明显地降低，并且阴极区出现了明显的抑制平台，表明水泥基热电发电系统有效地阻碍了金属的阴、阳极极化反应。

利用商用拟合软件分别对两组测试钢筋动电位扫描结果进行拟合，结果如表 8-3 所示。从拟合数据结果来看，CSF-NC 组钢筋的自腐蚀电流密度为 $1.56\mu A/cm^2$，而 CSF-CP 组钢筋的腐蚀电流密度仅为 $7.58\times10^{-2}\mu A/cm^2$，降低了 3 个数量级，这说明热电发电系统起到了良好的阴极防护效果，抑制了金属腐蚀反应。同时，曾有学者根据腐蚀电流密度标定了腐蚀速率，当 $I_{corr}>1.0\mu A/cm^2$ 时，腐蚀速率极快；当 $I_{corr}<0.5\mu A/cm^2$ 时，腐蚀速率较慢。这样来看，CSF-NC 组钢筋的 I_{corr} 值超过了快速腐蚀标定下限值的 10 倍以上，而 CSF-CP 组钢筋的 I_{corr} 值远远未达到慢速腐蚀标定上限值。腐蚀速率的拟合值也佐证上述结果，CSF-CP 组钢筋相比于 CSF-NC 组降低了 3 个数量级，仅为 $8.91\times10^{-4}mm/a$。综上所述，水泥基热电发电系统在热力学和动力学方面均起到了良好的阴极防护效果。

两组测试钢筋动电位扫描结果拟合数据　　　　　　　　　　　　　表 8-3

组别	$E_{corr}(V)$	$I_{corr}(\mu A/cm^2)$	腐蚀速率(mm/a)
CSF-NC	-0.762	1.56	1.83×10^{-1}
CSF-CP	-0.336	7.58×10^{-2}	8.91×10^{-4}

8.5.3　交流阻抗法测试结果及分析

为进一步明确热电发电系统能否起到良好的阴极防护效果，分别测试了两组钢筋在不同腐蚀龄期（0d、3d、7d、14d、21d）下的 EIS，结果如图 8-8 所示。首先，从左侧 Nyquist 图中可以发现，在各个腐蚀龄期下，CSF-CP 组容抗弧的直径都明显大于 CSF-NC 组，一般而言，直径越大代表金属的阻抗值越高，耐腐蚀性越强。并且，随着腐蚀龄期的延长，两组钢筋容抗弧的差距越来越大，这从一定程度上说明热电发电系统对钢筋的腐蚀起到了一定的抑制作用。而 CSF-NC 组钢筋在腐蚀 21d 后表现出两个明显的容抗弧，意味着腐蚀介质已经对钢筋产生侵蚀。从图 8-8 右列 Bode 图可以看出，在各个腐蚀龄期下，CSF-NC 的相位角随频率变化的幅度较大，并且在 21d 时额外出现了一个时间常数。而 CSF-CP 的相位角在各个龄期下明显更加稳定，并且在一段较宽的频率区间内大于 80°接近 90°，再次说明了金属腐蚀得到了抑制，电化学情况比较稳定。除此之外，两组钢筋前 3d 在低频区的阻抗值 $|Z|$ 基本一致，随着腐蚀龄期的延长，CSF-NC 组钢筋 $|Z|$ 下降趋势非常明显，而 CSF-CP 前 14d 的 $|Z|$ 保持稳定上涨，两组 $|Z|$ 从第 7d 开始产生差距，在 14d 时差距粗略估计在 2 个数量级以上。事实上，低频区的 $|Z|$ 与电荷转移电阻有关，当金属开始腐蚀时，电荷转移电阻会急剧下降导致 $|Z|$ 随之下降，而 CSF-CP 组钢筋这一过程明显得到了抑制。

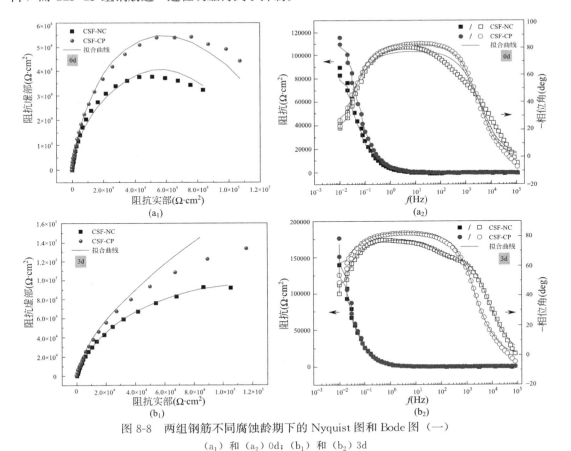

图 8-8　两组钢筋不同腐蚀龄期下的 Nyquist 图和 Bode 图（一）

（a_1）和（a_2）0d；（b_1）和（b_2）3d

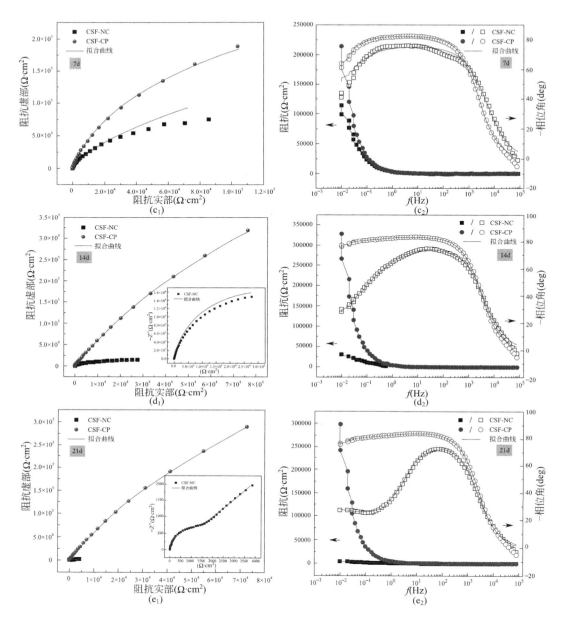

图 8-8　两组钢筋不同腐蚀龄期下的 Nyquist 图和 Bode 图（二）

（c_1）和（c_2）7d；（d_1）和（d_2）14d；（e_1）和（e_2）21d

　　为进一步定量描述两组钢筋的电化学反应过程，采用如图 8-9（a）所示的等效电路图对腐蚀龄期为 0d 的 EIS 数据进行拟合，采用图 8-9（b）所示的等效电路图分别对腐蚀龄期为 3d、7d、14d、21d 的 EIS 数据进行拟合，拟合数据如表 8-4 所示。在等效电路中，R_s 为电解质溶液的电阻，R_f 和 CPE_f 分别为钢筋表面转换膜的膜电阻和膜电容，R_{ct} 为钢筋腐蚀过程中电荷转移的电阻，CPE_{dl} 为双电层电容。

　　从拟合数据来看，两组钢筋的 R_s 相差不大，热电发电系统不会对电解质溶液的电导性产生影响。对于膜电阻 R_f，两组钢筋的拟合数据表现出相同的趋势，在前 7d 逐渐上升，而在 7d 后出现下降趋势，这可能是由于前 7d 电化学反应过程中的腐蚀产物会提高转换膜的致密性，而随着时间的延长，转换膜出现裂纹或脱落的情况。但是 CSF-CP 的 R_f 值在各个龄期下均比 CSF-NC 组大，并且相比较 CSF-NC 在 21d 后的最小值（1.07kΩ·cm^2），CSF-CP 超过其 2 个数量级（102.31kΩ·cm^2）。R_{ct} 值是评价金属耐腐蚀性的一个重要参数，在腐蚀初期，由于钢筋钝化膜的存在，电荷转移比较微弱，可以忽略不计。从第 3d 开始，CSF-NC 的 R_{ct} 值持续下降，表现出腐蚀信息，在 21d 时达到最小值，仅为 29.26kΩ·cm^2，表明未施加阴极保护的情况下，腐蚀介质极易使得钝化膜产生缺陷，从而到达金属表面引起侵蚀。而 CSF-CP 则呈现出相反的趋势，其 R_{ct} 值从第 3d 开始持续上升，在 14d 时发生数量级的突变，并在之后趋于稳定，相比较 CSF-NC 提升了 2 个数量级。这充分说明了从腐蚀初期开始，热电发电系统就对金属电荷转移施加阻力，当腐蚀介质突破钝化膜渗透到金属表面，会抑制金属进一步的腐蚀反应，使其得到保护。

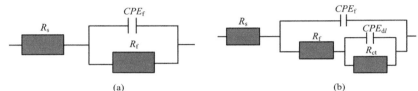

图 8-9　不同腐蚀龄期下的 EIS 模拟等效电路图
(a) 0d；(b) 腐蚀进行中

不同腐蚀龄期下钢筋的 EIS 拟合数据　　　　　表 8-4

组别	腐蚀龄期(d)	$R_s(\Omega \cdot cm^2)$	$R_f(k\Omega \cdot cm^2)$	$R_{ct}(k\Omega \cdot cm^2)$
CSF-NC	0	3.24	101.38	—
	3	2.85	126.42	236.51
	7	2.88	154.36	180.04
	14	2.84	7.20	62.92
	21	3.07	**1.07**	**29.26**
CSF-CP	0	2.97	123.77	—
	3	2.95	253.70	302.64
	7	2.80	501.48	447.21
	14	2.83	245.73	3125.21
	21	2.95	**102.31**	**3232.93**

8.6　本章小结

本章首先将 16 块 CMCC 试件首尾串联组成水泥基发电模块，并以此建立热电发电系统作为阴极防护系统的电流供给源，自制含 3.5wt.%NaCl 腐蚀介质的碱性模拟液作为电解质溶液，分别采用腐蚀电位法、极化曲线法、交流阻抗法对不同腐蚀龄期下钢筋的电化学行为进行测试，用于评价热电发电系统的阴极防护效果，结果如下：

（1）未进行阴极保护的 CSF-NC 组钢筋随着腐蚀龄期延长，其自腐蚀电位持续负移，最低值超过 -600mV，腐蚀概率始终大于 90%；施加阴极保护的 CSF-CP 组钢筋腐蚀电位值在腐蚀初期就持续保持正移趋势，5d 的腐蚀电位值就进入腐蚀概率 50% 的电位区间，并最终稳定在 -200mV 左右。

（2）从动电位极化曲线扫描结果来看，施加阴极保护后，CSF-CP 组钢筋的腐蚀电流密度 I_{corr} 值仅为 $7.58×10^{-2}\,μA/cm^2$，相比较 CSF-NC 组钢筋降低了 3 个数量级。腐蚀速率的拟合值也仅为 $8.91×10^{-4}\,mm/a$，远远低于未进行阴极保护的 $1.83×10^{-1}\,mm/a$，表明热电发电系统能够有效地抑制腐蚀反应的进行。

（3）通过两组钢筋的 EIS 对比测试结果来看，在各个腐蚀龄期下，CSF-CP 的容抗弧直径更大、相位角更加稳定、低频区的 $|Z|$ 值更大等信息充分表明阴极防护的作用已经产生并且有效。从 EIS 拟合数据的量化信息中可以发现，CSF-NC 组钢筋经过 21d 腐蚀后的 R_{ct} 值仅为 $29.26\,kΩ·cm^2$，而 CSF-CP 在同期却高达 $3232.93\,kΩ·cm^2$，能够有效抑制腐蚀电荷转移。

（4）根据上述电化学分析，能够从热力学和动力学角度充分证明水泥基热电发电系统用作外加电流阴极保护中的电流供给源是可行的，在温差驱动下可以为金属提供稳定的保护电流，抑制金属腐蚀，从而建立起基于 CMCC 的海工结构阴极防护体系，极大地简化传统外加电流式阴极防护系统的构造。

第9章 纳米热电砂浆的劣化自监测性能研究

9.1 引言

随着经济社会的发展，跨海大桥、海底隧道等高难度基础设施建设对混凝土材料的服役年限、结构性能、智能化提出了更高的要求。而水泥基体系的材料特性决定其在使用阶段存在性脆易裂、性能易退化等缺陷，除了通过添加高性能矿物掺合料、外加剂对水泥基材料进行增韧、补强以外，使用本征自感知混凝土（ISC）实现结构健康监测（SHM）是极具前景的应用方向。相比较传统附着式的传感元件，ISC 通过复合 CF、炭黑、石墨、钢纤维等高性能导电功能相实现传感性能本征融合，不仅能够"全时域、全方位"捕捉结构服役期间的受力和损伤情况，最主要的是提高了传感元件与混凝土结构的相容性，达到结构长期服役状态下信号捕捉和安全预警的目标。

由于大部分导电或半导体材料与水泥基材料复合后会形成导电通路，当荷载或结构微观性能发生变化时，会导致导电性能发生耦合变化，从而表现出传感性能。因此，压阻效应是目前 ISC 应用较为广泛的传感机制。压阻效应是指在外荷载作用下结构的体积电阻率发生规律性变化的现象（通常为负载时线性下降，卸载时线性上升），亦可定义为电阻率与施加应变的关系。

CF 是最早被应用于水泥基体系中以改善力-电传感效能的碳质材料，并且还能够同时对水泥基体起到力学增韧的作用。而相比较 CF，CNTs 则拥有更为优异的导电性能、弹塑性以及小尺寸性能，同时，其独特的场发射效应可以引起量子隧穿现象，能够进一步增强水泥基复合材料的压阻效应。因此，本章节以前文开发的 CMCC 为测试对象，将其体积电阻率作为采集目标，研究 CNTs 掺量、加载速率和加载幅值对纳米改性砂浆压阻传感性能的影响，并同步对线性度、灵敏度、稳定性三个压阻传感性能的基本工作特征进行分析，用以发展成一种兼容结构和感知性能的本征智能传感元件，结合前文开发的阴极防护性能，最终形成集腐蚀防护、结构预警和过程监测的多功能智能砂浆，这对海工结构的材料应用具有重大的工程意义。

9.2 试验原材料与仪器

本节主要对不同 CNTs 掺量下的 CMCC 试块进行压阻响应测试，试块制备过程中的原材料、CNTs 分散、$nMnO_2$ 制备、电极布置和工艺等均同第 7 章。

测试过程中，除在前文已列出的仪器，主要使用到 DH5922D 动态信号采集系统，购自江苏东华测试技术股份有限公司，如图 9-1 所示；E45.105 型电子万能试验机（100kN），购自美特斯工业系统（中国）有限公司；BLR-1 型拉压力负荷传感器，购自上海华东仪器仪表有限公司；屏蔽线、导线及标准电阻若干，均为市售。

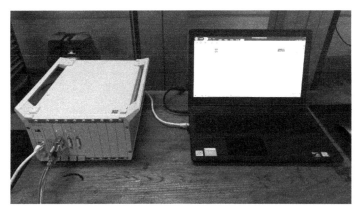

图 9-1　DH5922D 动态信号采集系统

9.3　压阻性能测试方法

为精确反映 CMCC 试件的力-电传感关系，对其进行负载控制下的压阻性能测试。压阻性能测试需要对荷载采集器和电压采集器进行频率和时程上的对应，以实现同步采集并获得两者间的对应耦合关系。以往分离式采集很难达到不同信号在频率、时程上的精确对位，本章采用 DH5922D 动态信号采集系统中惠斯通全桥电路、电压信号模块，同步采集测试试块上压力传感器的荷载信号和直流电源激励下的电压信号，数据同步采集系统的工作流程如图 9-2 所示。

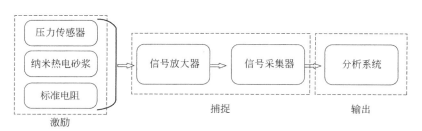

图 9-2　数据同步采集系统工作流程图

由于 CNTs 会使得水泥基体具有介电、极化等独特的电学特性，测试开始前，对试件通电 20min 以避免极化引起电信号不稳定的问题。测试过程中，将压力传感器立于 CMCC 试件加载方向，保持中心对应，通过压力传感器读取试件负载大小。电信号采集同样采用四电极法，利用直流稳压电源连接试件外对电极提供 2V 的激励电压，内对电极则作为电压输出源与信号采集系统通过屏蔽线连接。由于信号采集系统无法实现电阻信号的直接捕捉，在直流稳压电路中串联一个与测试试件阻值相近的标准电阻，用于标定试件的电阻值，标准电阻的电压信号同样通过信号采集系统采集。最终，可以推导出 CMCC 试件电阻值的实时变化量，如下所示：

$$\Delta R_{\mathrm{nc}} = \left[\frac{U_{\mathrm{nc}}(t)}{U_{\mathrm{sr}}(t)} - \frac{U_{\mathrm{nc}}(t_0)}{U_{\mathrm{sr}}(t_0)}\right] R_{\mathrm{sr}} \tag{9-1}$$

式中　　　　　　　ΔR_{nc}——CMCC 试件电阻值变化（kΩ）；

$U_{\mathrm{nc}}(t)$ 和 $U_{\mathrm{sr}}(t)$——CMCC 试件和参比电阻两端的实时电压值（mV）；

$U_{\mathrm{nc}}(t_0)$ 和 $U_{\mathrm{sr}}(t_0)$——CMCC 试件和参比电阻两端的初始电压值（mV）；

R_{sr}——标准电阻值，本章为 10kΩ。

为进一步消除试件尺寸对试件电阻测试值的影响，采用下式计算 CMCC 试件的电阻率相对变化率：

$$\Delta\rho = \frac{\Delta R_{\mathrm{nc}}}{R_{\mathrm{nc}}^0} \times \frac{S}{L} \times 100\% \tag{9-2}$$

式中　$\Delta\rho$——CMCC 试件电阻率相对变化率；

R_{nc}^0——试件电阻初始值（kΩ）；

S——内对电极截面积（4cm×4cm）；

L——内对电极间距（4cm）。

压阻性能测试系统的示意图和实物布置图分别如图 9-3、图 9-4 所示。本章对不同 CNTs 掺量、加载速率和加载幅值下的压阻智能特性进行测试，测试中沿试件电阻测试方向径向施加往复循环荷载，为保证不虚压的同时避免产生冲击能，荷载入口力取为 200N，荷载循环次数为 10，荷载幅值根据特定测试工况选择。具体测试方案如下：①加载幅值取为 7MPa，考察不同加载速率（100N/s、200N/s、400N/s 和 600N/s）下的压阻响应；②在保证加载幅值小于试件极限压应力 30% 的基础上（避免产生塑性变形），分别考察荷载幅值为 1.25MPa、4MPa、7MPa 和 11MPa 下的压阻响应；③分别对 CNTs 掺量为 0、0.05wt.%、0.1wt.%、0.2wt.%、0.5wt.% 和 1.0wt.% 的 CMCC 试件的压阻响应进行测试。

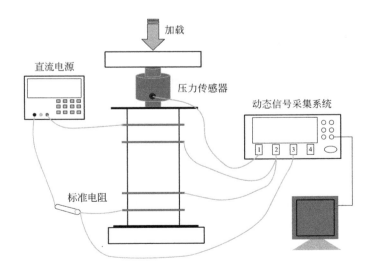

图 9-3　压阻性能测试系统示意图

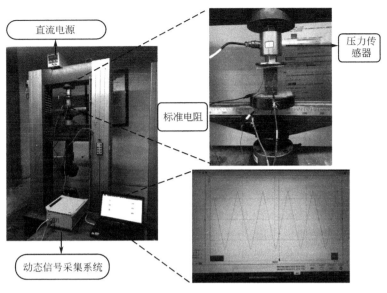

图 9-4　压阻性能测试系统实物布置图

9.4　循环荷载下 CMCC 的压阻智能特性研究

9.4.1　不同 CNTs 掺量下 CMCC 的压阻性能

以质量分数为 5.0wt.％的 $nMnO_2$ 为基准掺量，分别与质量分数为 0、0.05wt.％、0.1wt.％、0.2wt.％、0.5wt.％和 1.0wt.％的 CNTs 复合制备 CMCC。图 9-5(a)～(f) 是在加载速率为 400N/s、加载幅值为 7MPa、循环次数为 10 的往复荷载工况下，不同 CNTs 掺量下 CMCC 试件的电阻率相对变化率 $\Delta\rho$ 与荷载随时间变化的关系曲线图。

如图 9-5(b) 所示，当 CNTs 的掺量为 0 时，CMCC 试件的 $\Delta\rho$ 与往复荷载间存在微弱的对应关系，$\Delta\rho$ 的变化幅度随着加载有一定的增加，卸载时也能观察到下降的趋势，但是 $\Delta\rho$ 的最大降幅也只能达到 0.16％左右，并且 $\Delta\rho$ 的变化曲线在各个时程内都存在跳跃点、间断点和不稳定的情况。图 9-5(b) 为 CNTs 掺量为 0.05wt.％时 CMCC 试件的压阻曲线，很显然 CNTs 的掺入对复合材料压阻响应的提升是非常明显的，$\Delta\rho$ 在往复荷载下表现出非常有规律的反馈，在每个循环周期内，$\Delta\rho$ 随加载而均匀下降，在加载达到幅值时降低到最低值，随着卸载而缓慢恢复，各个时程内 $\Delta\rho$ 的最大降幅在 3％～4％范围内，存在一定的波动情况。从图 9-5(c) 可以发现，当 CNTs 的掺量增加到 0.1wt.％时，CMCC 试件的压阻响应更加明显，$\Delta\rho$ 在各个加载周期内都能很好地作出响应，并且 $\Delta\rho$ 的最大降幅也显著提升，在第一个循环周期内能够达到 9.78％，只不过随着加载循环次数的增加，$\Delta\rho$ 的最大降幅逐渐减小，$\Delta\rho$ 曲线总体表现出上移趋势。当 CNTs 的掺量继续增加到 0.2wt.％、0.5wt.％和 1.0wt.％，如图 9-5(d)～(f) 所示，$\Delta\rho$ 虽然能在各个加载周期内作出有规律的反馈，但是 CNTs 掺量的增加没有继续增强复合材料的压阻响应，$\Delta\rho$ 的最大变化幅度出现下降的趋势，CNTs 掺量为 0.2wt.％时 $\Delta\rho$ 的最大降幅不到 8％，

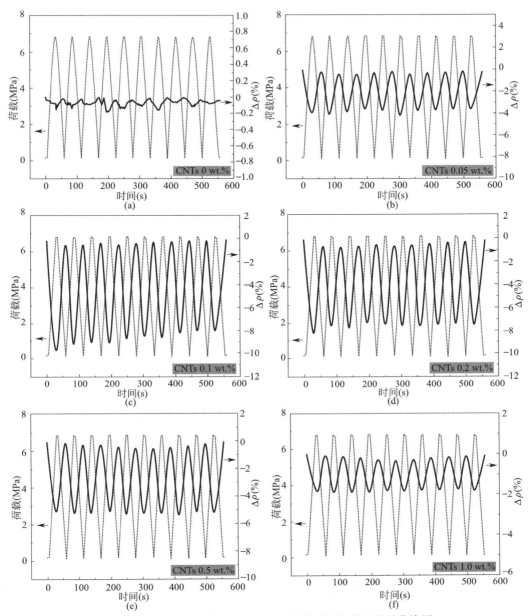

图 9-5　不同 CNTs 掺量下 $\Delta\rho$ 与荷载随时间变化的关系曲线图

(a) 0；(b) 0.05wt.％；(c) 0.1wt.％；(d) 0.2wt.％；(e) 0.5wt.％；(f) 1.0wt.％

0.5wt.％时降低到了 5％左右，而掺量为 1.0wt.％时更是低于 2％，保持在 1.8％左右。虽然 $\Delta\rho$ 的最大降幅减小许多，但是 CNTs 高掺量下 $\Delta\rho$ 的改变幅度以及电阻率的初始值在各个加载周期内显然比低掺量的更加稳定，随加载时程进行 $\Delta\rho$ 的上移和波动情况减少。

从电信号的反馈来看，CNTs 的加入使得水泥基复合材料的电信号与加载和卸载过程拥有了较好的关联性。目前，相关学者对于 CNTs 增强水泥基材料压阻响应的机制建立主要有以下几种：①由 Chung 等提出的纤维的插入、拔出机理，CNTs 具有优异的长径比、力学韧性和导电性，其分散在水泥基体中会对微裂缝起到桥接作用，当水泥基复合材料受压时，缝隙中的 CNTs 插入基体构建桥梁，引起电阻下降；②CNTs 导电通路的形成和拆解；③隧穿机制，CNTs 具有较好的场发射效应，能够越过一定厚度的绝缘势垒发生电子迁移，当试件受压时，会引起相邻 CNTs 间的距离变小，更容易发生隧穿现象。

本节测试中，当 CNTs 掺量为 0.05wt.％时，虽然 CMCC 表现出了压阻响应，但是 $\Delta \rho$ 的最大变化幅度很小，这主要是较低掺量的 CNTs 分散在水泥基体中的间距过大，即使受压引起体积变小、势垒变窄，也无法使足够多的 CNTs 形成搭接或者引发隧穿机制。相比较 0.05wt.％的掺量，当 CNTs 掺量增加到 0.1wt％时，$\Delta \rho$ 的最大降幅提升了一倍多，这说明该浓度的 CNTs 在压力作用下能够产生大量的搭接和隧穿，使得电阻率显著降低。而当 CNTs 掺量超过 0.2wt.％后，已经有足够多的 CNTs 在加载前就能够形成导电通路或者发生隧穿现象，因此，即使继续受压变形也不会引起更为明显的导电性变化。当然，高掺量 CNTs 基体中更容易团聚，引起纳米管与水泥基体间的弱界面，从而导致不稳定的导电路径也有可能是压阻性能下降的原因。

9.4.2 不同加载速率下 CMCC 的压阻性能

图 9-6(a)～(d) 是 CNTs 掺量为 0.1wt.％的 CMCC 试件，在循环次数为 10、荷载幅

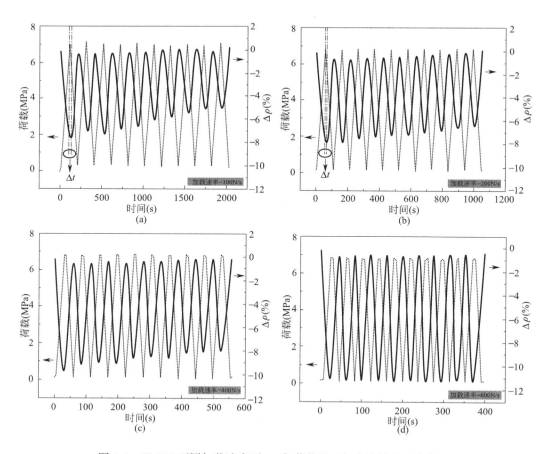

图 9-6 CMCC 不同加载速率下 $\Delta \rho$ 与荷载随时间变化的关系曲线图
(a) 100N/s；(b) 200N/s；(c) 400N/s；(d) 600N/s

值为 7MPa，加载速率分别为 100N/s、200N/s、400N/s 和 600N/s 往复加载工况下的压阻性能测试。很显然，CNTs 掺量为 0.1wt.％时，CMCC 试件的电信号在 4 个加载速率下均能对往复荷载作出对应性的响应，相应 $\Delta\rho$ 的变化曲线线性度、重复性较好，不存在间断点、跳跃点等不规则情况。只不过从图 9-6（a）、（b）中发现，在相对较慢的加载速率下（100N/s 和 200N/s），CMCC 试件 $\Delta\rho$ 的最大降幅随着循环次数的增加表现出逐渐减小的趋势，100N/s 的加载速率下，在第一个加载周期中 $\Delta\rho$ 的最大降幅为 7.66％，而在第十个加载周期降低到了 5.11％；200N/s 的加载速率下，则是从 7.97％降低到了 6.49％，电阻率的初始值也出现了缓慢接近于 0 的趋势。同时，仔细观察会发现，较慢的加载速率下，荷载峰值点与 $\Delta\rho$ 曲线峰值点存在一个时间差 Δt，电阻率最大变化点出现的时刻要稍晚于荷载峰值点，"峰值位移"在 1～2s 之间，有学者认为这是由于在较慢的加载速率下，CNTs 网络在循环荷载下的收缩恢复行为与水泥基体的不一致导致的。当加载速率上升到 400N/s，此时虽然 $\Delta\rho$ 最大改变幅度随着加载次数的增加依然有减小的趋势，但是减小的幅度明显放缓，同时荷载峰值点与 $\Delta\rho$ 曲线峰值点能够较好地对应，$\Delta\rho$ 最大改变幅度的平均值明显增加，达到 8.77％，而 100N/s 和 200N/s 的加载速率下仅为 6.39％和 7.32％。当加载速率上升到 600N/s 时，$\Delta\rho$ 的最大改变幅度在各个加载周期内明显更加均匀，不存在降幅波动和峰值延迟的情况，并且 $\Delta\rho$ 的最大改变幅度显著提升，平均能够达到 11％左右，感知灵敏度进一步提升。这是因为在较快的加载速率下，万能试验机的压头响应较慢，难以精准地完成加卸载过程，从而产生了附加冲击能，使得试件产生了多余变形。

9.4.3　不同荷载幅值下 CMCC 的压阻性能

图 9-7（a）～（d）同样是基于 CNTs 掺量为 0.1wt.％的 CMCC 试件，分别对加载幅值为 1.25MPa、4MPa、7MPa、11MPa 的循环加载工况进行的压阻性能测试，由于 1.25MPa 的荷载幅值相对较低，加载时程较短，过快的加载速率无法精确捕捉循环加载过程，故采用 100N/s 的加载速率，其他均采用 400N/s 的加载速率。从图 9-7（a）中可以发现，当加载幅值为 1.25MPa 时，虽然在每个循环周期内能观察到电阻率随荷载变化的同步性，但是电阻率变化存在明显的不稳定性，在各个循环周期内基本都存在跳跃点和间断点的情况，并且 $\Delta\rho$ 的平均最大变化幅度也仅在 1.5％，感知灵敏度不高。虽然较低的加载速率可能会对电阻率的变化情况产生一定的影响，但是从 9.4.2 节中的测试结果来看，并不会有这么大的波动情况，因此可以认为较低加载幅值下的压阻相应是不稳定的。当加载幅值升至 4MPa 和 7MPa 时，此时 $\Delta\rho$ 的时程曲线明显变得均匀，在加、卸载过程中都不存在波动情况，$\Delta\rho$ 的平均最大变化幅度也显著提高，分别能够达到 5.75％和 8.77％，但是，$\Delta\rho$ 的时程曲线随着循环次数的增加仍然有上移的趋势。从图 9-7（d）可以发现，当加载幅值进一步升至 11MPa，$\Delta\rho$ 的时程变化曲线整体更加均匀稳定，$\Delta\rho$ 最大变化幅度的上移趋势消失，平均最大降幅能够达到 10.95％。

很显然，CMCC 试件的电阻率变化是非常依赖于荷载幅值大小的。根据前文的分析来看，CNTs 在基体中导电通路的形成和隧穿效应的产生是电阻率变化的主要来源。而在弹性范围内，功能填料的平均间距一定是随着荷载幅值的增大而减小的，荷载幅值越大越容易帮助 CNTs 形成搭接，或者降低绝缘势垒从而更容易发生隧穿效应，水泥基复合材

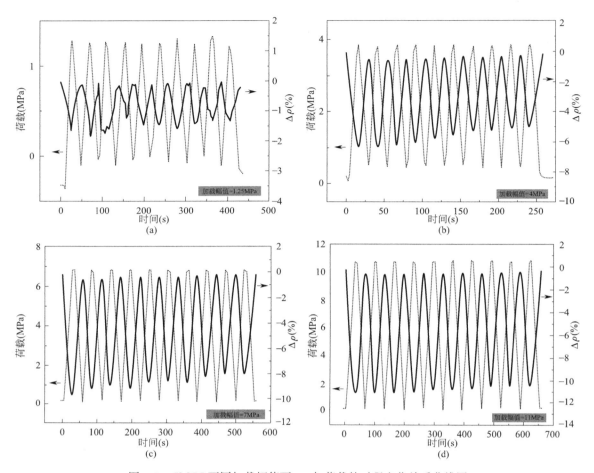

图 9-7　CMCC 不同加载幅值下 $\Delta\rho$ 与荷载的时程变化关系曲线图
(a) 1.25MPa；(b) 4MPa；(c) 7MPa；(d) 11MPa

料电阻率的降低更加明显。因此，较高的荷载幅值下，CMCC 试件的感知灵敏度更高。但是，考虑到 CMCC 作为一种力-电传感器，加载幅值应控制在测量量程内，结合 7.4.4 节中相关抗压强度的测试结果，认为 CMCC 的工作量程为 0～15MPa（极限压应力的 30%）。

9.5　CMCC 试件的 SEM 微观结构分析

图 9-8(a)～(d) 为不同 CNTs 掺量下 CMCC 试件的 SEM 图。从图 9-8 中可以发现，当 CNTs 掺量仅为 0.05wt.% 时，此时 CNTs 能够均匀地分布在水泥基体中，纳米管间的平均间距非常大，这样在相应的压阻性能测试中，即使压缩荷载使得水泥基体的体积变小、绝缘势垒变窄，也无法让足够多的 CNTs 完成搭接或者发生隧穿效应，少量裂缝桥接处的 CNTs 在往复荷载中形成纤维的插入、拔出作用，为复合材料电阻率变化作出贡献，因此，相应试件 $\Delta\rho$ 的最大变化幅度有限，感知灵敏度较低。从图 9-8(b) 中不难看出，当 CNTs 的掺量增加至 0.1wt.%，此时 CNTs 依旧能够在水泥基体中均匀地分布，

并且 CNTs 间的平均间距明显变小，部分 CNTs 已经初步完成物理搭接，在微裂缝处发现大量 CNTs 存在桥接、撕扯的现象，同时还有少量 CNTs 仅有一段嵌入水泥基体中，另外一段呈悬空状态。显然，上述分布状态都非常有利于 CNTs 在压缩荷载下改变复合材料的电阻率：间距的变小使得大量 CNTs 在压缩状态下极易完成物理搭接，形成导电通路，同时绝缘势垒变窄也有利于 CNTs 发挥隧穿效应，并且裂缝处悬空状态的 CNTs 在往复荷载下也能形成纤维的插入、拔出效果，进而使得在往复荷载下 CMCC 试件的电阻率变化幅度非常大。图 9-8(c) 显示的是 CNTs 掺量为 0.5wt.% 的 CMCC 试件微观形貌，显然此时大部分 CNTs 在水泥基体中已经完成物理搭接，相互间的间距足够小，甚至有少量缠绕、团聚的现象，往复荷载下对于电阻率改变的贡献主要来源于裂缝处未完全桥接的 CNTs，以及少量因压缩间距引起的搭接和隧穿行为，$\Delta \rho$ 的改变幅度开始减弱。图 9-8(d) 是掺有 1.0wt.%CNTs 的 CMCC 微观形貌，从图中可以看出，相当多的 CNTs 已经在基体中相互搭接形成稳定的导电通路，同时还存在许多团聚、缠绕的现象，这使得水泥基体在成型过程中引入了大量的气泡，导致水泥基体多孔疏松，会直接引起 CMCC 试件在承载过程中过早地进入塑性阶段，不能满足传感元件同时兼备结构性能的要求。由于大部分 CNTs 已经足够接近，即使在压缩荷载下也不会对其分布产生太大的影响，电阻率改变幅度不大，相应压阻感知能力较低。

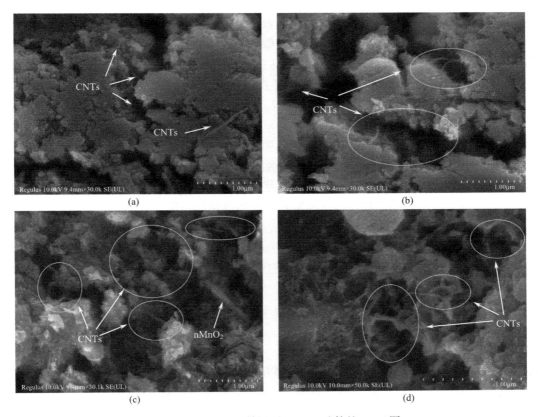

图 9-8　不同 CNTs 掺量下 CMCC 试件的 SEM 图

(a) 0.05wt.%；(b) 0.1wt.%；(c) 0.5wt.%；(d) 1.0wt.%

9.6 CMCC 压阻传感性能基本特征研究

9.6.1 应力灵敏度

应力灵敏度（SES）反映的是材料体积电阻率随所受应力变化的响应情况，定义为电阻变化率与加载应力的比值，是反映材料压阻传感性能特征的基本参数。本节对各个 CNTs 掺量、荷载工况下十个加载周期的 SES 取算数平均值，用于表征各测试工况下的压阻感知灵敏度，计算公式如下：

$$SES = \frac{\Delta\rho_{max}}{\sigma_{max}} \tag{9-3}$$

式中　$\Delta\rho_{max}$——最大电阻变化率（%）；

　　　σ_{max}——荷载幅值（MPa）。

图 9-9 显示了 CMCC 试件在不同 CNTs 掺量下 SES 的均值，荷载工况同 9.4.1 节。很显然，当 CNTs 掺量为 0 时，CMCC 试件的平均 SES 非常低（仅为 0.018%/MPa），几乎可以忽略不计，这说明材料对应力的感知能力较弱。CNTs 增加到 0.05wt.%，SES 有了非常明显的提升，达到 0.56 %/MPa，表明 CNTs 对水泥基复合材料压阻传感性能的提升是极为有效的。CMCC 试件的 SES 在 CNTs 掺量为 0.1wt.% 时达到峰值（1.28%/MPa），相比较空白组提升了两个数量级，这主要是由于 CNTs 在水泥基体中得到了良好的分散，同时该浓度下 CNTs 在基体中的半搭接行为以及合适的绝缘势垒宽度，非常有利于 CMCC 试件对荷载变化作出电信号响应。当 CNTs 掺量超过 0.1wt.% 时，SES 呈现出明显的下降趋势，在掺量为 0.2wt.%、0.5wt.% 和 1.0wt.% 时分别下降为 1.12 %/MPa、0.77 %/MPa 和 0.27 %/MPa，这说明当 CNTs 超过 0.1wt.% 时，在基体中已经逐渐完成物理搭接。此时，CNTs 的分散性会随着掺量的增加逐渐下降，极易在基体中形成海绵状团聚体，同时，形成稳定的导电通路后使得水泥基复合材料趋近于导体，电阻率不会随着负载产生明显的变化，因此压阻传感灵敏度急剧下降。

图 9-10 为 CMCC 试件在相同加载幅值、不同加载速率下 SES 的均值。从图中不难发现，在各个加载速率下均表现出良好的应力反馈，SES 在 100N/s 的加载速率下能够达到 0.93%/MPa，并且随着加载速率的提升有持续上升的趋势，这是因为较高的加载速率使得复合材料产生了更大的瞬时变形，使得 CNTs 的平均间距更小。但是，600N/s 加载速率下的 SES 为 1.65%/MPa，相比较 100N/s 的 SES 提高了不到 1 倍，提升幅度有限。

图 9-11 为 CMCC 试件在相同加载速率、不同加载幅值下 SES 的均值。虽然在 9.4.3 节压阻性能测试中发现较高的加载幅值能够帮助试件产生更大的电阻率变化幅度，但是 SES 呈现出不同的趋势，试件在 4MPa 的加载幅值下表现出最为突出的响应灵敏度，SES 达到 1.53 %/MPa，而 11MPa 的加载幅值下 SES 反而最低，说明过高的加载幅值并不具备"性价比"。然而，高加载幅值下应力反馈信号的稳定性明显最佳，这是因为较高的加载幅值能够使得试件负荷时的变形更加充分和稳定。

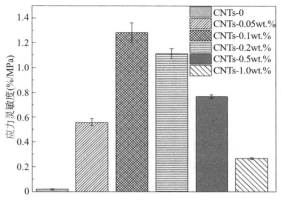

图 9-9　不同 CNTs 掺量下 CMCC 试件的 *SES*

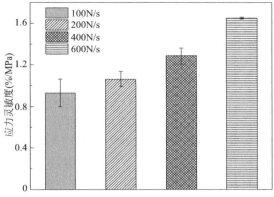

图 9-10　不同加载速率下 CMCC 试件的 *SES*

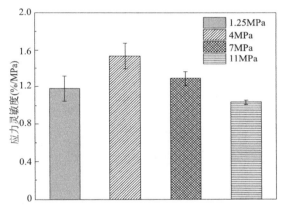

图 9-11　不同加载幅值下 CMCC 试件的 *SES*

9.6.2　重复稳定性

重复稳定性是传感器一项重要的工作性能指标，水泥基传感器的重复稳定性可以定义为在相同加载工况下，不同加载周期电阻率变化幅值间的偏离程度，相应计算由式（9-4）给出，计算结果如图 9-12～图 9-14 所示。

$$R = \pm \frac{1}{2} \times \frac{\Delta R_{\max}}{\Delta \rho} \times 100\% \tag{9-4}$$

式中　R——传感器的重复稳定性，数值越小代表稳定性越好；

$\Delta R_{\max}$——最大输出重复误差，即加卸载过程中，同一应力状态下的 $\Delta \rho$ 差异。

从图 9-12 中可以发现，未掺杂 CNTs 时试件的 R 值最高（8.072%），掺加 CNTs 后各组试件的 R 值有了明显下降，说明压阻传感性能的稳定性得到显著增强。在各组掺杂 CNTs 的试件中，当 CNTs 掺量为 0.1wt.% 时，CMCC 试件的 R 值最大（4.045%），而随着 CNTs 掺量分别增加到 0.2wt.%、0.5wt.% 和 1.0wt.% 时，R 值则分别降低为 3.02%、2.61% 和 2.18%，CMCC 试件的传感稳定性出现微弱增强的趋势。结合前文的分析来看，含 0.1wt％ CNTs 的 CMCC 试件压阻性能的主要贡献来源是隧穿效应，而随着 CNTs 的增多，CNTs 在基体中的分布则以物理搭接为主。这说明隧穿效应虽然对压阻性能的增强更显著，但是其稳定性要弱于物理搭接。含有 0.05wt.％ CNTs 的 CMCC 试件也表现出相对优异的稳定性，这是因为 CNTs 在较低掺量下的势垒较大，隧穿效应很难发生，加载时电阻率变化只能依靠物理搭接。从图 9-13 中发现，当加载速率分别为 100N/s、200N/s、400N/s 和 600N/s 时，相应 R 值分别为 4.31％、4.12％、4.05％和 3.81％，表明随着加载速率的升高，CMCC 试件的稳定性逐渐增强，这可能是由于较快的加载速率能使水泥基体与 CNTs 的变形具有更高的一致性。从图 9-14 可以看出，CM-CC 在较高的加载幅值下传感稳定性更佳，1.25MPa、4MPa、7MPa 和 11MPa 加载幅值下的 R 值分别为 5.45％、4.26％、4.05％和 3.90％。这是由于随着加载幅值的增加，引起的压缩应变越大，CNTs 越容易形成稳定的物理搭接。

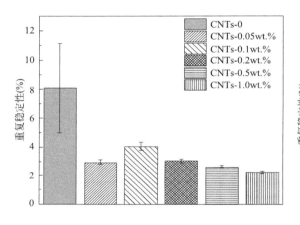

图 9-12　不同 CNTs 掺量下的重复稳定性　　图 9-13　不同加载速率下的重复稳定性

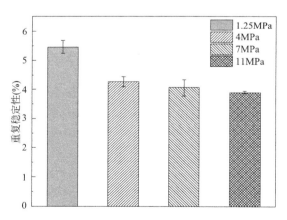

图 9-14　不同加载幅值下的重复稳定性

9.6.3　线性度

线性度反映了 $\Delta\rho$-荷载关系曲线与拟合回归曲线间的偏移量，可用于描述电信号与荷载变化间的相关性。线性度较好的传感器更有助于信号的处理以及降低信号的离散性。本节采用式(9-5)计算 CMCC 试件的线性度 L，L 值越小代表电信号与荷载变化的相关性越强。

$$L = \frac{\Delta_{\max}}{\Delta\rho_{F \cdot S}} \times 100\% \tag{9-5}$$

式中　$\Delta_{\max}$——$\Delta\rho$-荷载关系曲线与拟合回归曲线间的最大偏差，利用最小二乘法对 $\Delta\rho$
　　　　与荷载间关系进行线性拟合获得；

　$\Delta\rho_{F \cdot S}$——$\Delta\rho$ 的满程输出值。

图 9-15 为不同 CNTs 掺量下 CMCC 试件的 L。很显然，CNTs 对水泥基体压阻性能的线性度提升是非常显著的，空白组的 L 值高达 26.73%，而含 0.05wt.% CNTs 的 CM-CC 试件突降到了 7.31%。随着 CNTs 含量的继续增加，L 值表现出微弱的下降趋势，但是相互间的差距并不明显，最终维持在 4.3% 左右。这说明稳定的导电通路更有助于降低电信号的离散性，在信号采集及处理过程中更具有优势。图 9-16 呈现出 CMCC 试件压阻性能的线性度随加载速率的上升而逐渐增强的趋势，当加载速率为 600N/s 时的线性度最佳（$L = 4.81\%$），较高的加载速率更有利于信号的稳定采集。从图 9-17 中可以发现，较高的加载幅值明显更有助于增强 CMCC 试件压阻性能的线性度，加载幅值为 4MPa、7MPa

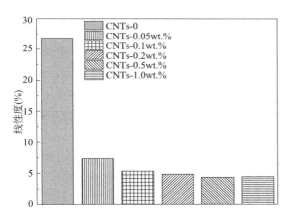

图 9-15　不同 CNTs 掺量下 CMCC 试件的线性度

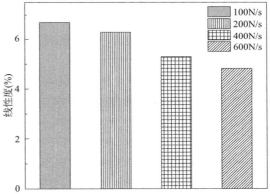

图 9-16　不同加载速率下 CMCC 试件的线性度

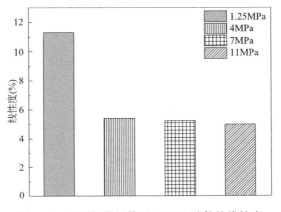

图 9-17　不同加载幅值下 CMCC 试件的线性度

和 11MPa 的 L 值分别为 5.39％、5.26％ 和 4.65％，相比较 1.25MPa 时的 L 值降低了一半多。CNTs 的搭接行为在更高的加载幅值下得到增强，使得电阻率的变化信号更加稳定。

9.7 本章小结

为测试 CMCC 用作结构劣化监测的压阻性能，本章研究了 CMCC 试件在循环荷载下的应力感知能力。对不同的 CNTs 掺量、加载速率、加载幅值下的电阻率变化信号以及加载工况进行同步采集，得出以下主要结论：

（1）CNTs 的加入能够大幅度提升水泥基体对应力的感知能力，电阻率信号可以对循环荷载做出对应性变化。当 CNTs 的掺量为 0.1wt.％ 时，CMCC 电阻率变化幅度最大，应力灵敏度最高，可以达到 1.28 ％/MPa。随着 CNTs 掺量的逐渐增加，CMCC 试件的电阻率变化幅值逐渐减小，但是相应压阻传感性能的重复稳定性和线性度逐渐增强。结合 SEM 微观形貌观察分析，CNTs 较低的掺量能够保证其在基体中均匀分布，并且隧穿效应使得 CMCC 的电阻率在负载状态下急剧变化，表现出高灵敏度的压阻性能。而超过渗流阈值后的 CNTs 在基体中形成了完全物理搭接的导电网络，使得 CMCC 压阻传感的响应灵敏度逐渐弱化，但是，物理搭接行为显然更有利于压阻传感性能的重复稳定性和线性度。

（2）CMCC 试件的电阻率变化幅值会随着加载速率的升高而逐渐提高，相应压阻传感性能的应力灵敏度、重复稳定性和线性度也逐渐增强。当加载速率为 100N/s 和 200N/s 时，会存在应力幅值与电阻率变化幅值间的峰值位移。

（3）在弹性范围内，增大加载幅值能够提高电阻率变化幅值，CMCC 的压阻响应具有更优的重复稳定性和线性度，这是由于较高的加载幅值使得 CNTs 的间距更小，更容易在基体中完成隧穿导电或者充分的搭接。但是，应力灵敏度会随着加载幅值的升高而逐渐降低。

第 10 章　结论与展望

10.1　结论

本篇从海洋混凝土结构阴极防护及健康监测的角度出发,力图开发一种集阴极防护性能与结构劣化监测性能于一身的纳米改性水泥基热电材料。首先,为大幅度提升水泥基材料的 Seebeck 性能,本篇通过控制反应原料的水热合成时间及温度以制备纯相 $nMnO_2$,将其用作热电功能相,并与 CNTs 经合适的分散手段复合掺入水泥基体中,分别利用 $nMnO_2$ 高量级的 Seebeck 系数和 CNTs 优异的电导性,以充分提升水泥基复合材料的热电转化效率。通过导电性测试确定 CNTs 在水泥基体中的渗流阈值,并以此作为标准掺量研究了 $nMnO_2$ 的掺量对 CMCC 试件 Seebeck 性能的影响。为表征 $nMnO_2$ 和 CNTs 的掺入对水泥基体基础物化性能的影响,对相应复合材料进行力学强度、抗氯离子渗透能力和综合热分析的测试。其次,为考证纳米改性水泥基热电材料用作海工结构钢筋阴极保护电流供给源的可行性,将 16 个 CMCC 试件串联,组装成水泥基热电发电系统,为浸在腐蚀介质中的钢筋提供阴极保护电流,分别采用腐蚀电位法、极化曲线法和 EIS 法测试钢筋的电化学行为,用于表征热电发电系统的阴极防护效果。最后,对不同 CNTs 掺量下 CMCC 的压阻性能进行测试,用于探究 CMCC 用作结构劣化监测本征传感器的可行性。得出以下主要结论:

(1) 经过对 CNTs-CC 导电性的测试得知,CNTs 的渗流阈值出现在 0.1wt.%~0.2wt.% 区间内。通过对 $MnSO_4$ 和 $(NH_4)_2S_2O_8$ 水热反应产物的 XRD 和 SEM 结果来看,随着反应时间的延长,产物会在 48h 时生成表面光滑的纳米棒状结构,经 XRD 确定其晶相结构为 $\beta-MnO_2$。当水热温度从 120℃升至 160℃,产物的晶相结构逐渐从 $\gamma-MnO_2$ 和 $\alpha-MnO_2$ 转变为纯相 $\beta-MnO_2$,温度继续升高,$\beta-MnO_2$ 会出现分解的现象。

(2) 虽然 $nMnO_2$ 对水泥基体的抗压/抗折强度和抗氯离子渗透性能有一定削弱,但是 CNTs 的掺杂能够保证 CMCC 试件的各项基础物化性能指标维持在较为健康的状态,并且优于纯水泥基体。含有 0.2wt.% CNTs 和 5.0wt.% $nMnO_2$ 的 CMCC 试件的抗压和抗折强度最低也能分别达到 51.3MPa 和 7.4MPa,D_{RCM} 值为 1.77×10^{-12} m^2/s。

(3) CMCC 试件能够在温差作用下产生线性度良好的 Seebeck 电压,并且其 Seebeck 性能随 $nMnO_2$ 掺量的增加而显著加强,含 0.2wt.% CNTs 和 5.0wt.% $nMnO_2$ 试件的电导率、Seebeck 系数、热电功率因数可分别达到 5.1×10^{-3} S/cm、3612μV/℃、6.65μWm^{-1}℃$^{-2}$。

(4) 基于 CMCC 热电模块的阴极防护下,钢筋的腐蚀电位保持持续正移趋势,最终稳定在 -200mV 左右,相比较未进行保护的钢筋,腐蚀概率大大降低;从动电位极化曲线扫描结果来看,经阴极防护后,钢筋腐蚀电流密度 I_{corr} 仅为 7.58×10^{-2} μA/cm^2,相比较自然腐蚀状态下的钢筋降低了 3 个数量级,腐蚀速率得到了有效抑制;EIS 测试结果表明,基于热电发电系统的阴极防护能够有效抑制腐蚀电荷转移,R_{ct} 拟合值能够达到 3232.93k$\Omega \cdot$ cm^2,相比较同期自然腐蚀钢筋提高了 2 个数量级。综合上述电化学行为分析,能够从热力学和动力学角度充分证明水泥基热电发电系统可以提供有效的阴极防护,可进一步开发成用于海工结构的纳米改性防护砂浆。

(5)CMCC 能够在不同的 CNTs 掺量、加载工况下对循环荷载作出对应性的电信号响应,表现出优异的压阻传感性能,可用于实现结构劣化的本征监测。当 CNTs 的掺量为 0.1wt. %时,CMCC 试件在循环荷载下电阻率变化幅值最大,电阻率变化输出值能够反映出荷载的变化过程。当 CNTs 的掺量继续增加时,CMCC 电阻率变化幅值逐渐减小,应力灵敏度下降,但是,压阻传感性能的重复稳定性和线性度逐渐增强。结合 SEM 微观形貌分析,较低掺量的 CNTs 能够在基体中良好地分散,并且发挥其优异的隧穿效应,使得电阻率在荷载变化下急剧变化。而随着 CNTs 掺量的逐渐增加,除了会存在 CNTs 在基体中团聚的现象,还发现 CNTs 已经在基体中形成稳定的导电通路,使得 CMCC 的电信号对荷载变化并不敏感。CMCC 的电阻率最大变化幅度会随着加载速率的提升而增大,相应应力灵敏度逐渐增强,并且电阻率变化信号表现出更优的重复稳定性以及线性度。较高的加载幅值能够帮助 CNTs 在基体中完成更加充分、稳定的搭接,使得 CMCC 表现出更高的电阻率变化幅值、稳定性和线性度,但是应力灵敏度会逐渐降低。

10.2 展望

本篇首次将 CNTs 和 nMnO$_2$ 作为功能填料复掺进入水泥基体中,利用 CNTs 优异的力学增韧、电导性和压阻传感性能,以及 nMnO$_2$ 显著的 Seebeck 效应,开发一种兼具阴极防护及结构劣化自监测性能的纳米改性砂浆。主要研究了 CMCC 的基础物化性能和热电性能,同时表征了相应试件的阴极防护以及压阻传感性能。但是在研究过程中发现部分试验思路以及方法需要优化,并考虑进一步完善整体框架,有待进行更深层次的探究。

(1)本篇在制备 CMCC 试件的过程中发现,CNTs 与 nMnO$_2$ 在基体中的分散水平会使得测试数据产生明显的离散性,并且分散工艺难度大、要求高,需要进一步简化分散流程,提高分散水平,探究批量化分散工艺。

(2)本篇开发的 CMCC 试件在成型烘干后立即进行导电性能、热电性能等项目的测试,考虑到土木工程结构的长期服役条件,应对 CMCC 的导电和热电性能的长期稳定性进行确定。

(3)受试验条件的限制,测试中制备的 CMCC 试件的尺寸较小,对于大尺寸甚至足尺条件下 CMCC 试件的阴极防护以及压阻传感性能的表现需要进一步探究。

(4)将 CMCC 作为 SHM 的本征传感器,还应进一步考虑结构服役环境中湿度、温度等因素的补偿问题。

参考文献

[1] 洪定海. 混凝土中钢筋的腐蚀与保护 [M]. 北京：中国铁道出版社，1998.

[2] SONG H W, SHIM H B, PETCHERDCHOO A, et al. Service life prediction of repaired concrete structures under chloride environment using finite difference method [J]. Cement and concrete composites, 2009, 31 (2): 120-127.

[3] 柯伟. 中国腐蚀调查报告 [R]. 北京：化学工业出版社，2003.

[4] LYON S B. A natural solution to corrosion [J]. Nature, 2004 (427): 406-407.

[5] LU K. The future of metals [J]. Science, 2010, 328 (5976): 319-320.

[6] 侯保荣. 海洋工程结构浪花飞溅区腐蚀与控制研究 [M]. 北京：科学技术文献出版社，2009.

[7] 贾丙丽，曹发和，刘文娟，等. 钢筋混凝土腐蚀的电化学检测研究现状 [J]. 材料科学与工程学报，2010 (5): 791-796.

[8] MEHTA P K. Durability of concrete-fifty years of progress? Durability of Concrete. SP-126: American Concrete Institute. Farmington Hills, Mich, 1991.

[9] 姜海西，肖汝诚. 沿海及跨海桥梁下部结构防腐与加固 [J]. 结构工程师，2008, 24 (4): 125-131.

[10] FLATT R J, ROUSSEL N, CHEESEMAN C R. Concrete: an eco material that needs to be improved [J]. Journal of the european ceramic society, 2012, 32 (11): 2787-2798.

[11] 葛燕，朱锡昶，李岩. 桥梁钢筋混凝土结构防腐蚀——耐腐蚀钢筋及阴极保护 [M]. 北京：化学工业出版社，2011.

[12] SAGOE-CRENTSIL K K, GLASSER F P. Steel in concrete: Part I A review of the electrochemical and thermodynamic aspects [J]. Magazine of concrete research, 1989, 41 (149): 205-212.

[13] 廖晓，季涛，李伟华. 海工混凝土结构钢筋锈蚀防护研究进展 [J]. 混凝土，2017 (3): 15-18.

[14] ANGST U, ELSENER B, LARSEN C K, et al. Chloride induced reinforcement corrosion: rate limiting step of early pitting corrosion [J]. Electrochimica acta, 2011, 56 (17): 5877-5889.

[15] ANDRADE C, PRIETO M, TANNER P, et al. Testing and modelling chloride penetration into concrete [J]. Construction and building materials, 2013 (39): 9-18.

[16] LIN B, HU R, YE C, et al. A study on the initiation of pitting corrosion in carbon steel in chloride-containing media using scanning electrochemical probes [J]. Electrochimica acta, 2010, 55 (22): 6542-6545.

[17] POUPARD O, A. T-MOKHTAR A, DUMARGUE P. Corrosion by chlorides in reinforced concrete: determination of chloride concentration threshold by impedance spectroscopy [J]. Cement and concrete research, 2004, 34 (6): 991-1000.

[18] GARCÉS P, SAURA P, ZORNOZA E, et al. Influence of pH on the nitrite corrosion inhibition of reinforcing steel in simulated concrete pore solution [J]. Corrosion science, 2011, 53 (12): 3991-4000.

[19] 陈爱英，陈旭庆. 钢筋混凝土中钢筋腐蚀原理的研究 [J]. 城市道桥与防洪，2005 (1): 90-91.

[20] FOLEY R T. Role of the chloride ion in iron corrosion [J]. Corrosion, 1970, 26 (2): 58-70.

[21] GHODS P, ISGOR O B, MCRAE G, et al. The effect of concrete pore solution composition on the quality of passive oxide films on black steel reinforcement [J]. Cement and concrete composites, 2009, 31 (1): 2-11.

[22] 王显利. 氯离子侵蚀的钢筋混凝土结构锈蚀损伤 [D]. 大连：大连理工大学，2008.

[23] ANN K Y, JUNG H S, KIM H S, et al. Effect of calcium nitrite-based corrosion inhibitor in preventing corrosion of embedded steel in concrete [J]. Cement and concrete research, 2006, 36 (3): 530-535.

[24] ANSARI K R, QURAISHI M A, SINGH A. Schiff's base of pyridyl substituted triazoles as new and effective corrosion inhibitors for mild steel in hydrochloric acid solution [J]. Corrosion science, 2014 (79): 5-15.

[25] BASTIDAS D M, COBO A, OTERO E, et al. Electrochemical rehabilitation methods for reinforced concrete structures: advantages and pitfalls [J]. Corrosion engineering, science and technology, 2008, 43 (3): 248-255.

[26] BOGA A R, TOPÇU I B. Influence of fly ash on corrosion resistance and chloride ion permeability of concrete [J]. Construction and building materials, 2012 (31): 258-264.

[27] CHAUSSADENT T, NOBEL-PUJOL V, FARCAS F, et al. Effectiveness conditions of sodium monofluorophosphate as a corrosion inhibitor for concrete reinforcements [J]. Cement and concrete research, 2006, 36 (3): 556-561.

[28] HEGAZY M A, HASAN A M, EMARA M M, et al. Evaluating four synthesized Schiff bases as corrosion inhibitors on the carbon steel in 1m hydrochloric acid [J]. Corrosion science, 2012 (65): 67-76.

[29] KRÓLIKOWSKI A, KUZIAK J. Impedance study on calcium nitrite as a penetrating corrosion inhibitor for steel in concrete [J]. Electrochimica acta, 2011, 56 (23): 7845-7853.

[30] SARASWATHY V, SONG H W. Improving the durability of concrete by using inhibitors [J]. Building and environment, 2007, 42 (1): 464-472.

[31] 麻福斌. 醇胺类迁移型阻锈剂对海洋钢筋混凝土的防腐蚀机理 [D]. 青岛: 中国科学院海洋研究所, 2015.

[32] SHCHUKIN D, MÖHWALD H. A coat of many functions [J]. Science, 2013, 341 (6153): 1458-1459.

[33] FAJARDO G, ESCADEILLAS G, ARLIGUIE G. Electrochemical chloride extraction (ECE) from steel-reinforced concrete specimens contaminated by "artificial" sea-water [J]. Corrosion science, 2006, 48 (1): 110-125.

[34] 陈建伟. 电化学脱盐法对钢筋混凝土材料特性影响与机理研究 [D]. 哈尔滨: 哈尔滨工业大学, 2008.

[35] PEDEFERRI P. Cathodic protection and cathodic prevention [J]. Construction and building materials, 1996, 10 (5): 391-402.

[36] 陈澜涛, 张三平, 邹国军, 等. 钢筋混凝土腐蚀监测技术及其应用 [J]. 材料保护, 2007, 40 (5): 52-55.

[37] MINGQING S, ZHUOQIU L, QIZHAO M, et al. A study on thermal self-monitoring of carbon fiber reinforced concrete [J]. Cement and concrete research, 1999, 29 (5): 769-771.

[38] 徐晶, 姚武. 钢筋混凝土阴极保护特性及其微观机制 [J]. 建筑材料学报, 2010, 13 (3): 315-319.

[39] 佘建初, 李卓球. 碳纤维增强混凝土中钢筋的阴极保护研究 [J]. 武汉理工大学学报 (信息与管理工程版), 2003, 25 (3): 138-140.

[40] WEN S, CHUNG D D L. Seebeck effect in carbon fiber-reinforced cement [J]. Cement and concrete research, 1999, 29 (12): 1989-1993.

[41] SUN M, LI Z, MAO Q, et al. Study on the hole conduction phenomenon in carbon fiber-reinforced

concrete [J]. Cement and concrete research, 1998, 28 (4): 549-554.

[42] SUN M, LI Z, MAO Q, et al. Thermoelectric percolation phenomena in carbon fiber-reinforced concrete [J]. Cement and concrete research, 1998, 28 (12): 1707-1712.

[43] WEN S, CHUNG D D L. Enhancing the Seebeck effect in carbon fiber-reinforced cement by using intercalated carbon fibers [J]. Cement and concrete research, 2000, 30 (8): 1295.

[44] ZUO J, YAO W, LIU X, et al. Sensing properties of carbon nanotube – carbon fiber/cement nano-composites [J]. Journal of testing and evaluation, 2012, 40 (5): 1-6.

[45] 陈兵, 姚武, 吴科如. 掺碳纤维和微细钢纤维水泥砂浆热电性能研究 [J]. 建筑材料学报, 2004, 7 (3): 261.

[46] WEI J, HAO L, HE G, et al. Enhanced thermoelectric effect of carbon fiber reinforced cement composites by metallic oxide/cement interface [J]. Ceramics international, 2014, 40 (6): 8261-8263.

[47] SALES B C, MANDRUS D, WILLIAMS R K. A new class of thermoelectric materials [J]. Mater. res, 1989 (4): 886.

[48] HOU X, ZHOU Y, WANG L, et al. Growth and thermoelectric properties of $Ba_8Ga_{16}Ge_{30}$ clathrate crystals [J]. Journal of alloys and compounds, 2009, 482 (1): 544-547.

[49] UR S C, NASH P, KIM I H. Mechanical alloying and thermoelectric properties of Zn_4Sb_3 [J]. Journal of materials science, 2003, 38 (17): 3553-3558.

[50] SEKIMOTO T, KUROSAKI K, MUTA H, et al. Annealing effect on thermoelectric properties of TiCoSb half-Heusler compound [J]. Journal of alloys and compounds, 2005, 394 (1): 122-125.

[51] QU X, LÜ S, HU J, et al. Microstructure and thermoelectric properties of β-$FeSi_2$ ceramics fabricated by hot-pressing and spark plasma sintering [J]. Journal of alloys and compounds, 2011, 509 (42): 10217-10221.

[52] MINNICH A J, DRESSELHAUS M S, REN Z F, et al. Bulk nanostructured thermoelectric materials: current research and future prospects [J]. Energy and environmental science, 2009, 2 (5): 466-479.

[53] LAN Y, MINNICH A J, CHEN G, et al. Enhancement of thermoelectric figure - of - merit by a bulk nanostructuring approach [J]. Advanced functional materials, 2010, 20 (3): 357-376.

[54] KANATZIDIS M G. Nanostructured thermoelectrics: the new paradigm? [J]. Chemistry of materials, 2009, 22 (3): 648-659.

[55] SONG F, WU L, LIANG S. Giant Seebeck coefficient thermoelectric device of MnO_2 powder [J]. Nanotechnology, 2012, 23 (8): 85401-85404.

[56] JI T, ZHANG X, LI W. Enhanced thermoelectric effect of cement composite by addition of metallic oxide nanopowders for energy harvesting in buildings [J]. Construction and building materials, 2016 (115): 576.

[57] WALIA S, BALENDHRAN S, NILI H, et al. Transition metal oxides-thermoelectric properties [J]. Progress in materials science, 2013, 58 (8): 1443.

[58] CHIRITESCU C, CAHILL D G, NGUYEN N, et al. Ultralow thermal conductivity in disordered, layered WSe_2 crystals [J]. Science, 2007, 315 (5810): 351-353.

[59] PREISLER E. Semiconductor properties of manganese dioxide [J]. Journal of applied electrochemistry, 1976, 6 (4): 311-320.

[60] ISLAM A K M F U, ISLAM R, KHAN K A. Studies on the thermoelectric effect in semiconducting MnO_2 thin films [J]. Journal of materials science: materials in electronics, 2005, 16 (4):

203-207.

[61] HEDDEN M，FRANCIS N，HARALDSEN J T，et al. Thermoelectric properties of nano-meso-micro β-MnO_2 powders as a function of electrical resistance [J]. Nanoscale research letters，2015，10 (1)：292-300.

[62] 钱东，吕林林，王洪恩. 二氧化锰纳米棒的水热合成与电化学性能研究 [J]. 矿冶工程，2009，29 (5)：61-64.

[63] 夏熙. 纳米 α-MnO_2 的制备及其性能研究 [J]. 无机材料学报，2000，15 (5)：802-806.

[64] WANG X，WANG X，HUANG W，et al. Sol - gel template synthesis of highly ordered MnO_2 nanowire arrays [J]. Journal of power sources，2005，140 (1)：211-215.

[65] 赵颖，王仁国，曾武，等. 纳米二氧化锰的制备及其对 Cd^{2+} 的吸附研究 [J]. 环境科学与技术，2012，35 (3)：112-116.

[66] HEREMANS J P，WIENDLOCHA B，CHAMOIRE A M. Resonant levels in bulk thermoelectric semiconductors [J]. Energy and environmental science，2011，5 (2)：5510-5530.

[67] JOOD P，MEHTA R J，ZHANG Y，et al. Al-doped zinc oxide nanocomposites with enhanced thermoelectric properties [J]. Nano letters，2011，11 (10)：4337-4342.

[68] MUSIC D，SCHNEIDER J M. Critical evaluation of the colossal Seebeck coefficient of nanostructured rutile MnO_2 [J]. Journal of physics condensed matter，2015，27 (11)：115302.

[69] DRESSELHAUS M S，CHEN G，TANG M Y，et al. New directions for low-dimensional thermoelectric materials [J]. Advanced materials，2007，19 (8)：1043-1053.

[70] WANG R Y，FESER J P，LEE J S，et al. Enhanced thermopower in PbSe nanocrystal quantum dot superlattices [J]. Nano letters，2008，8 (8)：2283-2288.

[71] LIAO D C，HSIEH K H，Chern Y C，et al. Interpenetrating polymer networks of polyaniline and maleimide-terminated polyurethanes [J]. Synthetic metals，1997，87 (1)：61-67.

[72] DEBERRY D W. Modification of the electrochemical and corrosion behavior of stainless steels with an electroactive coating [J]. Journal of the electrochemical society，1985，132 (5)：1022-1026.

[73] 杨亚杰. 导电聚合物纳米材料的制备及特性研究 [D]. 成都：电子科技大学，2007.

[74] KANNO H，HAMADA Y，TAKAHASHI H. Development of OLED with high stability and luminance efficiency by co-doping methods for full color displays [J]. IEEE Journal of selected topics in quantum electronics，2004，10 (1)：30-36.

[75] COLTEVIEILLE D，LE MÉHAUTÉ A，CHALLIOUI C，et al. Industrial applications of polyaniline [J]. Synthetic metals，1999，101 (1-3)：703-704.

[76] RADHAKRISHNAN S，SIJU C R，MAHANTA D，et al. Conducting polyaniline-nano-TiO_2 composites for smart corrosion resistant coatings [J]. Electrochimica acta，2009，54 (4)：1249-1254.

[77] MACDIARMID A G，CHIANG J C，HALPERN M，et al. "Polyaniline"：interconversion of metallic and insulating forms [J]. Molecular crystals and liquid crystals，1985，121 (1-4)：173-180.

[78] MARTIN C R，VAN DYKE L S，CAI Z，et al. Template synthesis of organic microtubules [J]. Journal of the American chemical society，1990，112 (24)：8976-8977.

[79] DIAZ A F，KANAZAWA K K，GARDINI G P. Electrochemical polymerization of pyrrole [J]. Journal of the chemical society，chemical communications，1979 (14)：635-636.

[80] BREDAS J L，SILBEY R，BOUDREAUX D S，et al. Chain-length dependence of electronic and electrochemical properties of conjugated systems：polyacetylene，polyphenylene，polythiophene，and polypyrrole [J]. Journal of the American chemical society，1983，105 (22)：6555-6559.

[81] 李珺杰. 掺杂聚苯胺的热电性能研究 [D]. 武汉：武汉理工大学，2010.

[82] NAVEEN A N，SELLADURAI S. Fabrication and performance evaluation of symmetrical supercapacitor based on manganese oxide nanorods-PANI composite [J]. Materials science in semiconductor processing，2015（40）：468-478.

[83] 生瑜，陈建定，朱德钦. 二氧化锰化学氧化法合成导电聚苯胺 [J]. 功能高分子学报，2002，15（4）：383-390.

[84] ASTM. C 876-09 Standard test method for half-cell potentials of uncoated reinforcing steel in concrete [C]. West Conshohocken：ASTM International，2009.

[85] GEL/603. BS 7361-1：1991 Cathodic protection. Code of practice for land and marine applications [S]. London：BIS，1991.

[86] NACE. NACE standard RP0169-96 control of external corrosion on underground or submerged metallic piping systems [S]. New York：Thomson Reuters，1996.

[87] ANDRADE C，ALONSO C. Test methods for on-site corrosion rate measurement of steel reinforcement in concrete by means of the polarization resistance method [J]. Materials and structures，2004，37（9）：623-643.

[88] 曹楚南. 电化学阻抗谱导论 [M]. 北京：科学出版社，2004.

[89] ZOLTOWSKI P. On the electrical capacitance of interfaces exhibiting constant phase element behaviour [J]. Journal of electroanalytical chemistry，1998，443（1）：149-154.

[90] DAMME H V. Concrete material science：past，present，and future innovations [J]. Cement and concrete research，2018（112）：5-24.

[91] BERTOLINI L，ELSENER B，PEDEFERRI P，et al. Corrosion of steel in concrete：prevention，diagnosis，repair [J]. Corrosion of steel in concrete，2013，49（1065）：4113 - 4133.

[92] ANGST U M. Challenges and opportunities in corrosion of steel in concrete [J]. Materials and structures，2018，51（1）：4.

[93] 侯保荣，路东柱. 我国腐蚀成本及其防控策略 [J]. 中国科学院院刊，2018，33（6）：601-609.

[94] 侯保荣. 中国腐蚀成本 [M]. 北京：科学出版社，2017.

[95] HOU B R，LI X G，MA X M，et al. The cost of corrosion in China [J]. Npj materials degradation，2017，1（1）：4.

[96] 王胜年，黄君哲，张举连，等. 华南海港码头混凝土腐蚀情况的调查与结构耐久性分析 [J]. 水运工程，2000（6）：8-12.

[97] 耿春雷，徐永模，翁端. 混凝土中钢筋保护技术研究进展 [J]. 材料导报，2009，23（9）：20-24.

[98] ZHAN M M，PAN G H，ZHOU F F，et al. In situ-grown carbon nanotubes enhanced cement-based materials with multifunctionality [J]. Cement and concrete composites，2020（108）：103518.

[99] 徐小倩，李洋，张景林，等. 纳米材料改性混凝土的作用机理及研究进展 [J]. 建设科技，2018（19）：49-54.

[100] TENG F，LUO J L，GAO Y B，et al. Piezoresistive/piezoelectric intrinsic sensing properties of carbon nanotube cement-based smart composite and its electromechanical sensing mechanisms：a review [J]. Nanotechnology reviews，2021（10）：1873-1894.

[101] ŠAVIJA B，LUKOVIC M. Carbonation of cement paste：understanding，challenges，and opportunities [J]. Construction and building materials，2016（117）：285-301.

[102] 施锦杰，孙伟. 混凝土中钢筋锈蚀研究现状与热点问题分析 [J]. 硅酸盐学报，2010，38（09）：1753-1764.

[103] GARCÉS P，ROJAS M J S D，CLIMENT M A. Effect of the reinforcement bar arrangement on the efficiency of electrochemical chloride removal technique applied to reinforced concrete structures

[J]．Corrosion science，2006，48（3）：531-545.

[104] 王新祥，邓春林，成立，等．混凝土在电化学除盐过程中内部离子迁移和结构变化的研究［J］．混凝土与水泥制品，2006（4）：1-4.

[105] KOLEVA D A，WIT J H W，BREUGEL K V，et al. Investigation of corrosion and cathodic protection in reinforced concrete：Ⅱ. properties of steel surface layers［J］．Journal of the electrochemical society，2007，154（5）：261-271.

[106] GOYAL A，POUYA H S，GANJIAN E，et al. A review of corrosion and protection of steel in concrete［J］．Arabian journal for science and engineering，2018，43（10）：5035-5055.

[107] 杨璐嘉．海水环境下混凝土结构中钢筋腐蚀问题与防护方法研究［D］．大连：大连理工大学，2017.

[108] 张梦杰．改性 MWCNTs 增强水泥基复合材料热电性能及融冰技术研究［D］．西安：西安建筑科技大学，2020.

[109] 崔一纬，魏亚．水泥基复合材料热电效应综述：机制、材料、影响因素及应用［J］．复合材料学报，2020，37（9）：2077-2093.

[110] SNYDER G J，TOBERER E S. Complex thermoelectric materials［J］．Nature materials，2008，7（2）：105-114.

[111] 李贺军，张守阳．新型碳材料［J］．新型工业化，2016，6（1）：15-37.

[112] WEN S H，CHUNG D D L. Seebeck effect in carbon fiber-reinforced cement［J］．Cement and concrete research，1999，29（12）：333-338.

[113] 郝磊．碳纤维增强水泥基复合材料热电性能研究［D］．西安：西安建筑科技大学，2015.

[114] 赵莉莉．碳材料增强水泥基复合材料热电性能研究［D］．西安：西安建筑科技大学，2017.

[115] WEI J，ZHAO L L，ZHANG Q，et al. Enhanced thermoelectric properties of cement-based composites with expanded graphite for climate adaptation and large-scale energy harvesting［J］．Energy and buildings，2018（159）：66-74.

[116] ZUO J Q，YAO W，WU K R. Seebeck effect and mechanical properties of carbon nanotube-carbon fiber/cement nanocomposites［J］．Fullerenes nanotubes and carbon nanostructures，2014，23（5）：383-391.

[117] KIM P，SHI L，MAJUMDAR A，et al. Thermal transport measurements of individual multiwalled nanotubes［J］．Physical review letters，2001，87（21）：215502.

[118] SMALL J P，PEREZ K M，KIM P. Modulation of thermoelectric power of individual carbon nanotubes［J］．Physical review letters，2003，91（25）：256801.

[119] WEI J，FAN Y，ZHAO L L，et al. Thermoelectric properties of carbon nanotube reinforced cement-based composites fabricated by compression shear［J］．Ceramics international，2018，44（6）：5829-5833.

[120] 李伟华，廖晓，季涛，等．MnO_2 水泥基复合材料热电性能［J］．建筑材料学报，2017，20（5）：770-773.

[121] 吴旌贺，史小波，赵先林．热电材料低维化的研究进展［J］．河南教育学院学报（自然科学版），2011，20（3）：25-28.

[122] 肖龙，季涛，廖晓，等．氧化镍水泥基复合材料热电性能研究［J］．新型建筑材料，2019，46（3）：32-35.

[123] JIA X W，ZHANG W X，LUO J Y，et al. Conductivity and conductive stability of nickel-plated carbon-fiber-reinforced cement composites［J］．2021，45（3）：1611-1621.

[124] WEN S H，CHUNG D D L. Effect of fiber content on the thermoelectric behavior of cement［J］．

Journal of materials science, 2004, 39 (13): 4103-4106.

[125] 姚武, 夏强. 碲化铋-碳纤维水泥基材料的制备及热电性能 [J]. 功能材料, 2014, 45 (15): 15134-15137, 15142.

[126] 袁宏涛, 贵永亮, 张顺雨. 钢渣综合利用综述 [J]. 山西冶金, 2016, 39 (1): 35-37, 101.

[127] 唐祖全, 童成丰, 钱觉时, 等. 钢渣混凝土的 Seebeck 效应研究 [J]. 重庆建筑大学学报, 2008, 30 (3): 125-128.

[128] 王子仪, 王智, 宁美, 等. 热电功能砂浆的塞贝克效应及其增强 [J]. 建筑材料学报, 2018, 21 (5): 701-706.

[129] DING S Q, DONG S F, ASHOUR A, et al. Development of sensing concrete: principles, properties and its applications [J]. Journal of applied physics, 2019, 126 (24): 241101.

[130] DING S Q, XIANG Y, NI Y Q, et al. In-situ synthesizing carbon nanotubes on cement to develop self-sensing cementitious composites for smart high-speed rail infrastructures [J]. Nanotoday, 2022 (43): 101438.

[131] 丁思齐, 韩宝国, 欧进萍. 本征自感知混凝土及其智能结构 [J]. 工程力学, 2022 (3): 1-10.

[132] 李惠, 欧进萍. 智能混凝土与结构 [J]. 工程力学, 2007, 24 (S2): 45-61.

[133] HAN B G, DING S Q, YU X. Intrinsic self-sensing concrete and structures: a review [J]. Measurement, 2015 (59): 110-128.

[134] LI H, XIAO H G, OU J. Effect of compressive strain on electrical resistivity of carbon black-filled cement-based composites [J]. Cement and concrete composites, 2006, 28 (9): 824-828.

[135] 詹达富. 石墨烯水泥基复合材料的制备及机敏性能研究 [D]. 北京: 北京建筑大学, 2021.

[136] ANDRAWES B, CHAN L Y. Compression and tension stress-sensing of carbon nanotube-reinforced cement [J]. Magazine of concrete research, 2012, 64 (3): 253-258.

[137] CHA S W, SONG C, Cho Y H, et al. Piezoresistive properties of CNT reinforced cementitious composites [J]. Materials research innovations, 2014, 18 (S2): 716-721.

[138] LEE S J, YOU I, ZI G, et al. Experimental investigation of the piezoresistive properties of cement composites with hybrid carbon fibers and nanotubes [J]. Sensors, 2017, 17 (11): 2516.

[139] SAAFI M. Wireless and embedded carbon nanotube networks for damage detection in concrete structures [J]. Nanotechnology, 2009, 20 (39): 395502.

[140] DONG W, LI W, TAO Z, et al. Piezoresistive properties of cement-based sensors: review and perspective [J]. Construction and building materials, 2019, 203 (10): 146-163.

[141] SIMMONS J G. Electric tunnel effect between dissimilar electrodes separated by a thin insulating film [J]. Journal of applied physics, 1963, 34 (9): 2581-2590.

[142] LANDAUER R. Electrical conductivity in inhomogeneous media [J]. AIP publishing, 1978, 40 (1): 2-45.

[143] 卢金荣, 吴大军, 陈国华. 聚合物基导电复合材料几种导电理论的评述 [J]. 塑料结构与性能, 2004, 33 (5): 43-49.

[144] 王彩辉, 孙伟, 蒋金洋, 等. 水泥基复合材料在多尺度方面的研究进展 [J]. 硅酸盐学报, 2011, 39 (04): 726-738.

[145] WALIA S, BALENDHRAN S, YI P, et al. MnO_2-based thermopower wave sources with exceptionally large output voltages [J]. Journal of physical chemistry C, 2013, 117 (18): 9137-9142.

[146] MAJUMDAR A. Thermoelectricity in semiconductor nanostructures [J]. Science, 2004, 303 (5659): 777-778.

[147] JI T, ZHANG X Y, ZHANG X, et al. Effect of manganese dioxide nanorods on the thermoelectric

properties of cement composites [J]. Journal of materials in civil engineering, 2018, 30 (9): 04018224.

[148] JI T, ZHANG S P, HE Y, et al. Enhanced thermoelectric property of cement-based materials with the synthesized MnO_2/carbon fiber composite [J]. Journal of building engineering, 2021, 43 (12): 103190.

[149] 范杰, 熊光晶, 李庚英. 碳纳米管水泥基复合材料的研究进展及其发展趋势 [J]. 材料导报, 2014, 28 (11): 142-148.

[150] 李庚英, 王培铭. 表面改性对碳纳米管-水泥基复合材料导电性能及机敏性的影响 [J]. 四川建筑科学研究, 2007 (6): 143-146.

[151] 罗健林, 段忠东, 赵铁军. 纳米碳管水泥基复合材料的电阻性能 [J]. 哈尔滨工业大学学报, 2010, 42 (8): 1237-1241.

[152] YAKOVLEV G, KERIENE J, GAILIUS A, et al. Cement based foam concrete reinforced by carbon nanotubes [J]. Materials science, 2006, 12 (2): 147.

[153] 胡林彦, 张庆军, 沈毅. X射线衍射分析的实验方法及其应用 [J]. 河北理工学院学报, 2004 (3): 83-86, 93.

[154] 杨新萍. X射线衍射技术的发展和应用 [J]. 山西师范大学学报（自然科学版）, 2007 (1): 72-76.

[155] 付倬, 张海存, 罗隽, 等. 扫描电子显微镜的使用、参数设置与维护 [J]. 实验室科学, 2021, 24 (5): 215-217, 223.

[156] 张克辉, 曹燕燕, 孙兴华, 等. 扫描电子显微镜的最新应用 [J]. 信息记录材料, 2020, 21 (2): 239-241.

[157] 凌妍, 钟娇丽, 唐晓山, 等. 扫描电子显微镜的工作原理及应用 [J]. 山东化工, 2018, 47 (9): 78-79, 83.

[158] HAN B G, GUAN X C, OU J P. Electrode design, measuring method and data acquisition system of carbon fiber cement paste piezoresistive sensors [J]. Sensors and actuators a physical, 2007, 135 (2): 360-369.

[159] 吴冰, 姚武, 吴科如. 用交流阻抗法研究碳纤维混凝土导电性 [J]. 材料科学与工艺, 2001, 19 (1): 76-79.

[160] 姚武, 陈雷, 刘小艳. 碳纳米管分散性研究现状 [J]. 材料导报, 2013, 27 (9): 47-50, 60.

[161] JIANG Y F, SONG H, XU R. Research on the dispersion of carbon nanotubes by ultrasonic oscillation, surfactant and centrifugation respectively and fiscal policies for its industrial development [J]. Ultrasonics sonochemistry, 2018 (48): 30-38.

[162] 罗健林. 碳纳米管水泥基复合材料制备及功能性能研究 [D]. 哈尔滨: 哈尔滨工业大学, 2009.

[163] BOCHAROV G S, ELETSKII A V. Theory of carbon nanotube (CNT) -based electronfield emitters [J]. Nanomaterials, 2013, 3 (3): 393-442.

[164] 张继旭, 王文广, 李金权, 等. 碳纳米管水泥基复合材料的研究进展 [J]. 硅酸盐通报, 2021, 40 (3): 714-722.

[165] 韩瑜. 碳纳米管的分散性及其水泥基复合材料力学性能 [D]. 大连: 大连理工大学, 2013.

[166] WANG B M, HAN Y, LIU S. Effect of highly dispersed carbon nanotubes on the flexural toughness of cement-based composites [J]. Construction and building materials, 2013 (46): 8-12.

[167] 张林松, 左晓宝, 汤玉娟, 等. 水泥净浆中氯离子和钙离子耦合传输模型及数值模拟 [J]. 硅酸盐学报, 2019, 47 (2): 184-191.

[168] 王小刚, 史才军, 何富强, 等. 氯离子结合及其对水泥基材料微观结构的影响 [J]. 硅酸盐学

报，2013，41（2）：187-198.

[169] TYSON B M，ABU AL-RUB R K，YAZDANBAKHSH A，et al. Carbon nanotubes and carbon nanofibers for enhancing the mechanical properties of nanocomposite cementitious materials [J]. Journal of materials in civil engineering，2011，23（7）：1028-1035.

[170] PETRUNIN S，VAGANOV V，RESHETNIAK V，et al. Influence of carbon nanotubes on the structure formation of cement matrix [J]. IOP conference series materials science and engineering，2015，96（1）：012046.

[171] CUI H Z，YANG S Q，MEMON S A. Development of carbon nanotube modified cement paste with microencapsulated phase-change material for structural-functional integrated application [J]. International journal of molecular sciences，2015，16（4）：8027-8039.

[172] MAKAR J M，CHAN G W. Growth of cement hydration products on single walled carbon nanotubes [J]. Journal of the American ceramic society，2010，92（6）：1303-1310.

[173] ABU AL-RUB R K，ASHOUR A I，TYSON B M. On the aspect ratio effect of multi-walled carbon nanotube reinforcements on the mechanical properties of cementitious nanocomposites [J]. Construction and building materials，2012（35）：647-655.

[174] CARRICO A，BOGAS J A，HAWREEN A，et al. Durability of multi-walled carbon nanotube reinforced concrete [J]. Construction and building materials，2018（164）：121-133.

[175] 李庚英，王中坤. 碳纳米管对钢筋混凝土耐氯盐腐蚀性能的影响 [J]. 华中科技大学学报（自然科学版），2018，46（3）：103-107. .

[176] 牛荻涛，何嘉琦，傅强，等. 碳纳米管对水泥基材料微观结构及耐久性能的影响 [J]. 硅酸盐学报，2020，48（5）：705-717.

[177] AHMED A，BOGAS J A，GUEDES M. Mechanical behavior and transport properties of cementitious composites reinforced with carbon nanotubes [J]. Journal of materials in civil engineering，2018，30（10）：04018257.

[178] 李建民. 碳纳米管硫铝酸盐水泥基复合材料制备及性能 [D]. 大连：大连理工大学，2016.

[179] AODKENG S，SINTHUPINYO S，CHAMNANKID B，et al. Effect of carbon nanotubes/clay hybrid composite on mechanical properties, hydration heat and thermal analysis of cement-based materials [J]. Construction and building materials，2022（320）：126212.

[180] 廖晓. 基于水泥基材料热电效应的钢筋腐蚀防护机理研究 [D]. 青岛：青岛理工大学，2018.

[181] 姚武，夏强，左俊卿. 基于温差发电的混凝土模拟液中钢筋阴极保护 [J]. 建筑材料学报，2015，18（1）：76-81.

[182] 周汝毅，张羿，任敏，等. 腐蚀电位法在混凝土外加电流阴极保护中的应用 [J]. 腐蚀与防护，2011，32（11）：928-930.

[183] 吉同元，丁国庆，徐亮，等. 基于电化学综合法的混凝土中钢筋锈蚀检测与评价 [J]. 水运工程，2016（8）：7-12，21.

[184] 赵明其. 电化学法测定金属腐蚀速度的原理及其应用 [J]. 化学清洗，1992（4）：1-5.

[185] 马世豪，李伟华，郑海兵，等. 钢筋阻锈剂的阻锈机理及性能评价的研究进展 [J]. 腐蚀与防护，2017，38（12）：963-968.

[186] 吴磊，吕桃林，陈启忠，等. 电化学阻抗谱测量与应用研究综述 [J]. 电源技术，2021，45（9）：1227-1230.

[187] 应文武. 混凝土结构中钢筋无损检测技术的研究 [D]. 杭州：浙江大学，2011.

[188] ZENG Y. Passive film properties and their influence on hydrogen absorption into titanium [D]. University of Western Ontario，2009.

[189] ANDRADE C, ALONSO C. Corrosion rate monitoring in the laboratory and on-site [J]. Construction and building materials, 1996, 10 (5): 315-328.

[190] 刘昂. 水滑石基功能化缓蚀-涂层防护体系构建和机制研究 [D]. 青岛:中国科学院大学(中国科学院海洋研究所), 2020.

[191] SUN Z W, KONG G, CHE C S, et al. Growth behaviour of cerium-based conversion coating on ZnAl alloy [J]. Surface and interface analysis, 2018, 51 (4): 465-474.

[192] SUN M Q, LIEW R J Y, ZHANG M H, et al. Development of cement-based strain sensor for health monitoring of ultra high strength concrete [J]. Construction and building materials, 2014, 65 (9): 630-637.

[193] KIM H K, PARK I S, LEE H K. Improved piezoresistive sensitivity and stability of CNT/cement mortar composites with low water-binder ratio [J]. Composite structures, 2014 (116): 713-719.

[194] WANG L N, ASLANI F. Piezoresistivity performance of cementitious composites containing activated carbon powder, nano zinc oxide and carbon fibre [J]. Construction and building materials, 2021 (278): 122375.